法式刺繡×十字繡
入門全圖解

日本VOGUE社・著　李亞妮・譯

CONTENTS

法式刺繡篇

BASICS

刺繡工具……4
繡線……5
法式刺繡針……6
繡框的用法……6
繡布……7

轉印圖案的方法……8・9
繡線的抽取方法……10
繡線穿針的方法……10
起針與收針的線頭收尾……11

基礎針法

平針繡

輪廓繡

回針繡

釘線繡

雛菊繡

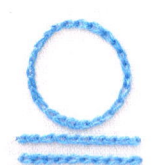

鎖鏈繡

直針繡
長短針繡

緞面繡

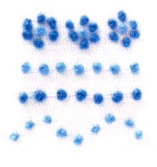

法國結粒繡

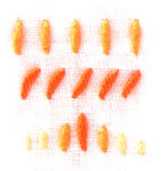

捲線繡

開放式釦眼繡

飛鳥繡

羽毛繡

人字繡

平針繡……22・23
穿線平針繡
繞線平針繡

輪廓繡……24・25
回針繡……26
釘線繡……27

雛菊繡……36・37
雛菊繡裡面加直針繡
雛菊繡上面加直針繡
雙重雛菊繡

鎖鏈繡……38・39
鎖鏈填色繡

直針繡……40
長短針繡……41
緞面繡……42
法國結粒繡……43
法國結粒填色繡

捲線繡……56・57
捲線玫瑰繡

開放式釦眼繡……58・59
封閉式釦眼繡

飛鳥繡……60
羽毛繡……61
人字繡……62・63
封閉式人字繡
雙重人字繡

花草圖案的刺繡教學……70・71
各類型圖案的刺繡順序……72・73

將刺繡融入居家擺設……12・13
　小鳥與枝葉……14・15
　動物與花……16・17
　春之庭……18・19
　秋季野山……20・21
　〈延伸作品〉相框

用喜歡的刺繡圖案妝點隨身小物……28・29
　和風吉祥圖騰……30・31
　浪漫花卉英文字母……32～35
　〈延伸作品〉束口袋、手帕

用刺繡製作個性風雜貨……44～47
　三色花紋……48・49
　小狗與貓咪……50・51
　各種陸海空動物……52・53
　五顏六色的甜點……54・55
　〈延伸作品〉書衣、胸針

適合任何空間的花草刺繡……64・65
　花朵與葉片……66・67
　花環……68・69
　〈延伸作品〉相框、掛畫

十字繡篇

BASICS

十字繡的布料……84
本書的十字繡圖案標示說明……85
十字繡針……85
起針與收針的線頭收尾……86
十字繡的針法……87～92
霍爾拜因繡……93

貴賓狗圖案的刺繡教學……104～106
可拆式轉繡網布的使用方法……107
小鳥圖案的刺繡教學……126・127

孩子們也喜歡的十字繡……74・75
　生動的可愛動物……76・77
　各式各樣的小圖案……78・79
　神祕萬聖夜……80
　歡樂聖誕節……81
　充滿春天氣息的女兒節……82
　祈求孩童成長的端午節……83
　〈延伸作品〉迷你繡框、T恤、掛畫

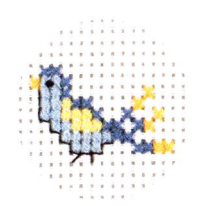

結合十字繡與亞麻布做各式小物……94・95
　打開我的衣櫃……96・97
　四季之花……98・99
　繽紛花園英文字母……100～103
　〈延伸作品〉貼紙、扁包

在各種布製品上玩十字繡……108・109
　稚氣男孩＆女孩……110・111
　孩子喜歡的各種東西……112・113
　不同姿態的貓咪和狗狗……114・115
　毛茸茸的小動物們……116・117
　〈延伸作品〉毛巾、嬰兒服飾、卡片

雜貨小物的十字繡……118・119
　花園……120・122・123
　紅＆藍……121・124・125
　〈延伸作品〉針包、書衣、書籤、手帕、卡片、手提袋

作品的作法＆圖案……128～135

※本書刊登的整頁法式刺繡作品照片和刺繡圖案尺寸皆為實際大小。

從認識材料與工具開始！
法式刺繡的基本須知

法式刺繡又被稱作「歐式刺繡」。
有各式各樣的針法，按照不同的組合搭配，能衍生出無限的變化。
首先就來了解有關繡線、刺繡針、布料、工具等基本知識。

＊＝可樂牌（Clover）

刺繡工具

1 描圖紙
2 自動鉛筆
3 單面複寫紙
4 鐵筆
5 OPP透明紙
6 紙膠帶
7 大頭針
8 刺繡剪刀
9 裁縫剪刀
10 法式刺繡針
11 繡框

轉印圖案用具（詳細內容請參考 P.8～9）

在實際大小的圖案上疊上描圖紙（1），並用**自動鉛筆**（2）等工具將圖案正確描繪下來。若要直接轉印在布料上，可利用**單面複寫紙**（3＊）、**鐵筆**（4＊）和 OPP **透明紙**（5）。另外，可用**紙膠帶**（6）和**大頭針**（7＊）來固定圖案。

剪刀

請準備兩種剪刀：尖端細長、容易剪線的**刺繡剪刀**（8）和剪布用的**裁縫剪刀**（9＊）。注意千萬別用這些剪刀來剪紙，刀刃會變鈍。

刺繡針、繡框（詳細內容請參考 P.6）

法式刺繡針（10＊）的特徵是針孔越大，針頭越尖。**繡框**（11＊）以直徑 10～12cm 的尺寸會比較好用。

繡線

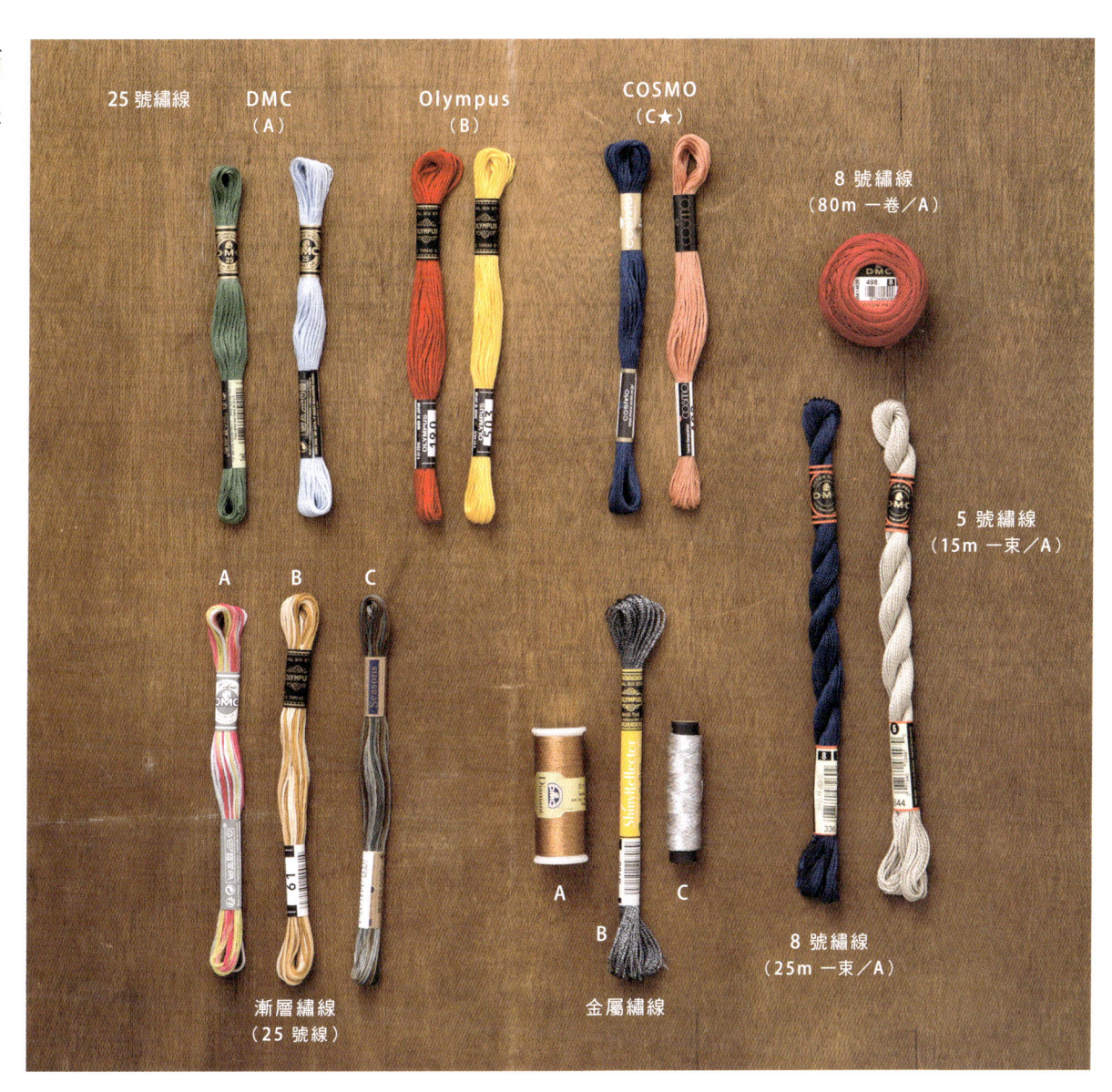

25 號繡線　DMC（A）　Olympus（B）　COSMO（C★）

8 號繡線
（80m 一卷／A）

5 號繡線
（15m 一束／A）

A　B　C
漸層繡線
（25 號線）

A　B　C
金屬繡線

8 號繡線
（25m 一束／A）

BASICS

25 號繡線的顏色豐富，是最常被使用的繡線。它由 6 股帶有光澤的細棉線捻製而成，刺繡時可按需求抽出不同股數（參考 P.10），一束的長度約 8m。除了單色繡線外，還有**漸層繡線**、**段染繡線**和閃耀著金屬光芒的**金屬繡線**。想在針法上做點變化時，更換不同的繡線能帶來一定的效果。繡線的粗細以 5 號、8 號、25 號……的號數作標記：數字越小，一股線就越粗；數字越大，一股線則越細。在本書內若無特別指定，皆使用 25 號繡線。

C★=COSMO 繡線自 2020 年起，將商標從右側換成左側的樣式
金屬繡線／A=Diamant　B=Shiny Reflector　C=Nishikiito
※本書會依照不同作品交替使用 DMC、Olympus、COSMO 的 25 號繡線。不同廠牌的繡線色號皆不相同。若不想使用指定廠牌的繡線，請比對作品照片挑選近似的繡線色號。

繡線粗細比較

25 號繡線・1 股

25 號繡線・6 股

8 號繡線・1 股

5 號繡線・1 股

（實際大小）

法式刺繡針

法式刺繡專用針的針頭尖，而且針孔很大，便於穿線。刺繡時請綜合考量針的粗細、繡線的粗細（股數）、布料的厚薄度和針法種類來選用。實際繡過一遍，若發現不好繡時就換其他號數的針。

與繡線和布料相對應的法式刺繡針基準表

針的號數越小，針體越粗越長；針的號數越大，針體越細越短。

	粗／長 ←			針的粗細、長度			→ 細／短	
法式刺繡針（大概長度）	No.3 44.5mm	No.4 42.9mm	No.5 41.3mm	No.6 39.7mm	No.7 38.1mm	No.8 36.5mm	No.9 34.9mm	No.10 33.3mm
25號繡線的股數	6股以上	5～6股	4～5股	3～4股	2～3股	1～2股	1股	1股
	厚／粗 ←			布的厚薄、織目密度			→ 薄／細	

針的號數以可樂牌（Clover）為基準。其他品牌的名稱和號數皆不同，請參考右側的實體大照片。

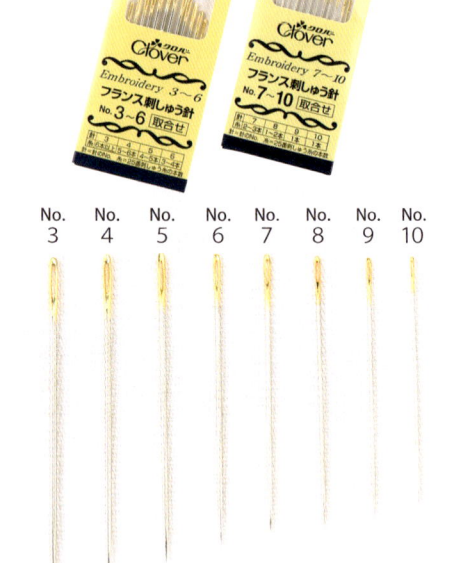

（實際大小）

繡框的用法

把布夾在繡框內撐開來，使其平整，會比較容易刺繡，也能預防布料綻線。
刺繡途中布料可能會從繡框鬆脫，當發現鬆脫時就要即時把布料繃緊再刺繡。

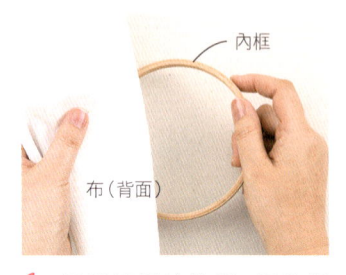

1 扭開繡框的旋鈕，把內框和外框分離。把布料放在內框上面。

2 把布料上的圖案擺在繡框正中央的位置，再把外框從布的正上方套住內框。

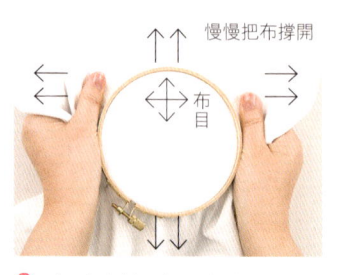

3 把布料朝上下左右均勻地撐開，讓布目的經緯紗垂直交織，調整至布料平整。

4 確認繡框裡的布料繃緊後，鎖好旋鈕。把旋鈕放在非慣用手側，除了能當繡框的把手外，繡線也較不易打結。

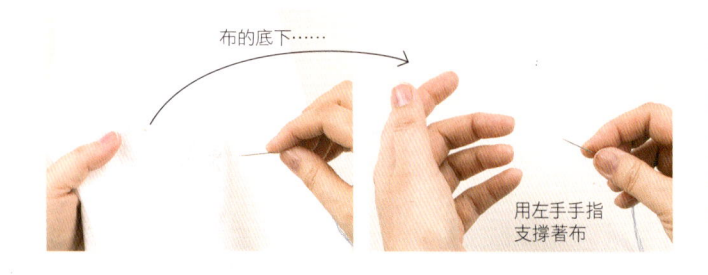

不使用繡框時的拿布方式

直接拿著布刺繡時，用中指、無名指、小指來支撐布料，並盡量把布料撐開、攤平。

繡布

只要針穿得過去，任何布料都可以拿來刺繡，但最常用的還是平織棉布和麻布。除了市面上販售的刺繡專用布，可以配合作品的用途和圖案來選用適合的布料。推薦各位嘗試看看在有質感的麻布和印花棉布上刺繡。如果是偏軟薄、不好刺繡的布料，可於底下貼接著芯（接著襯）以增加厚度，會比較方便刺繡。

（布的照片為實際大小）

平織麻布（COSMO）
100%純麻製成的刺繡用平織布。布料的厚薄和軟硬度適中，針可以平順穿過，適合用來刺繡。在本書 P.14～20、P.30～33、P.48、P.54、P.66、P.68 的作品會使用此種布料。

平織棉布（COSMO）
100%純棉製成的刺繡用平織布。針可以平順穿過，布料顏色豐富。在本書 P.28、P.29、P.44、P.50、P.52 的作品會使用此種布料。

密織薄棉布
100%純棉，平織布。

中厚度麻布
100%純麻，平織布。

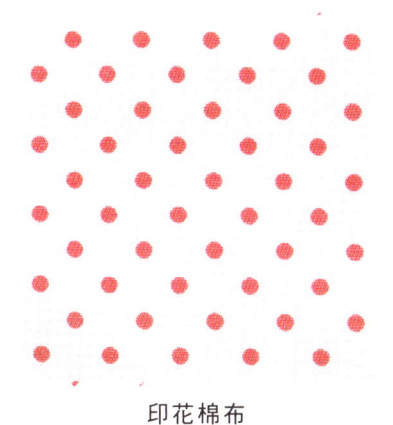

印花棉布
100%純棉，平織布。

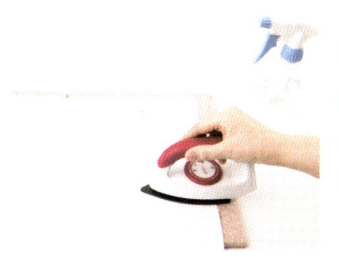

在轉印圖案前的準備
用噴霧器在布料背面噴濕，再用熨斗整燙。

如果布料邊緣容易脫線
若布邊易脫線，可沿著邊緣粗縫一圈疏縫線，會較便於作業。

BASICS

轉印圖案的方法

＊＝可樂牌（Clover）

刺繡一開始的步驟就是要在布料上描出圖案，只要正確畫出圖案，就能繡得很完美。以下介紹四種轉印圖案的方法以及所需用具。

利用複寫紙

這是適用各種布料和圖案最一般的方法。把實體大圖案描繪在描圖紙上，再利用複寫紙轉印到布上即可。但若是毛氈等表面蓬鬆的布料，則可能不好轉印。

可樂牌 New 單面複寫紙（灰）＊
內附 5 張 30×25cm 的複寫紙。用水即可清洗痕跡。刺繡時請務必使用單面複寫紙。

鐵筆（圓頭）＊
筆尖是滑順好寫的圓頭。筆頭兩端的粗細不同，可依功能個別使用。

◎ 一般的刺繡圖案
△ 毛氈布等有厚度的羊毛布

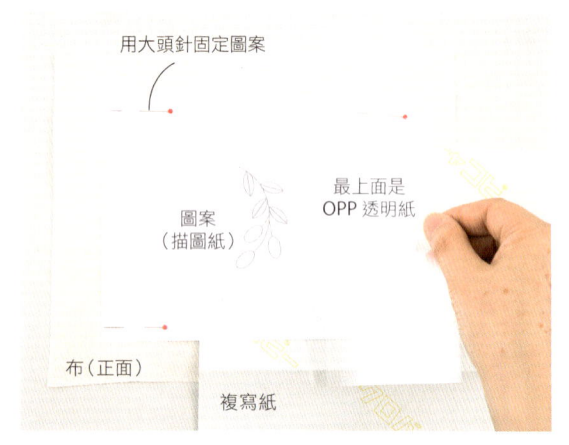

1 在布的上面放上圖案，並在邊緣用大頭針固定住。中間夾入複寫紙，有顏色的那面朝下。最上面再疊上 OPP 透明紙，防止描圖時圖案被劃破。

2 用鐵筆在 OPP 透明紙的上面描圖，確認所有線條都轉印到布上後，再拆掉重疊的用具。

3 推薦使用灰色的複寫紙，不管是在淺色或深色布料上，轉印的痕跡都很明顯。等刺繡完，先輕輕水洗，或是用沾濕的棉花棒拭去顏色，再用熨斗整燙。

利用透光技巧

從圖案下方打光，直接在布料上描繪出圖案的方法。可以把圖案和布料貼在明亮的玻璃窗上，或利用玻璃桌和照明設備來進行。但要注意布料的顏色和不同的材質有可能無法透光。

◎ 白色及淺色的薄布料
✗ 深色及有厚度的布料

水消筆 藍色／極細＊
連細膩的刺繡圖案都能描繪的極細麥克筆。只要噴水，圖案即可消失。

描圖燈箱
扁薄四方體裡有裝燈，是資深刺繡者愛用的工具。

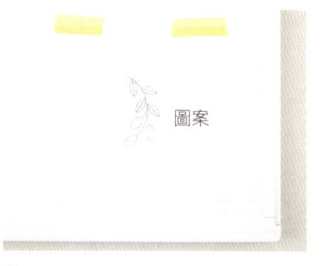

1 用紙膠帶把圖案固定在燈箱上。

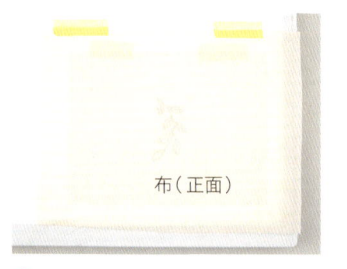

2 把布料疊在圖案上面固定住。開燈確認圖案輪廓是否有透出來。

3 用水消筆在透出圖案的布料上描圖。

轉印圖案時的重點

Point 1 按照布料材質和圖案找出適合的用具

並非任何用具或轉印方法都是萬能的。必須按照布料的顏色、材質、厚度以及圖案的複雜度（確認線條簡不簡單、填色的區塊多不多等等）來選出適當的方法。

Point 2 一定要在布料邊緣先試畫看看

即使是相同的用具，轉印效果在不同的布料也會有所差別。就算刺繡做得再美，最後複寫的痕跡除不掉也是白費工夫。此外，也可能發生用熨斗燙過，痕跡仍然存在的情況。因此在使用商品前，請詳閱商品說明書確認痕跡是否能清除。

利用可撕紙襯

這種方法建議用在無法以複寫紙轉印圖案的布料上。可撕紙襯的材質硬挺，適合用來刺繡，即使是在手帕的角落也能刺繡。也可以用和紙來取代可撕紙襯。

◎ 毛氈布、羊毛布、針織布
◎ 只需繡線條的圖案
△ 要用針法來填色的圖案

可撕紙襯 ＊
半透明材質的紙張，複寫方便，用熨斗使可暫時黏附固定在布料上。內附 2 張 39×110cm 的紙襯。

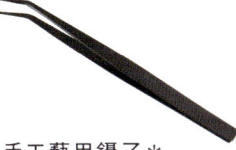

手工藝用鑷子 ＊
鑷子前端尖細又有適當的彎度，可用於細膩作業。

1 把圖案複寫在沒有光澤面的紙襯上。有光澤那面要與布料貼合，並用熨斗熨燙、暫時黏附固定住。

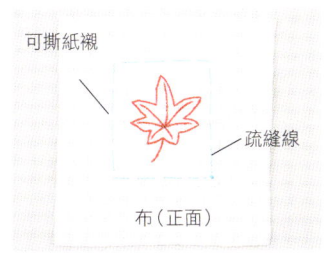

2 用疏縫線固定紙襯邊緣。從紙襯的上面直接刺繡。

3 刺繡完成後，沿著圖案的輪廓，直接撕除紙襯。需要仔細慢慢地撕，以免扯壞針目。

4 圖案中間的紙襯，可利用鑷子夾取撕除。

利用水溶襯貼紙

在透明的水溶襯貼紙上複寫圖案後，貼在布料上，再直接在上面刺繡。水溶襯貼紙也可以用噴墨印表機（水性墨）複寫圖案，應用範圍更廣泛。但是太大的圖案，用貼紙不方便，只適合繡小型圖案。

◎ 可水洗的布
△ 大型圖案（長寬 10cm 以上）

Smart Print®（COSMO）
水溶性的透明貼紙。內附 2 張 A5 大小的貼紙（也有 A4 大小）。詳細使用方法請參考包裝內的使用說明書。

1 用水性筆在水溶襯貼紙的粗糙面（貼紙面）複寫圖案後，在圖案四周留白並剪下。

2 把貼紙的背膠撕除後，貼在布上，直接從水溶襯貼紙上刺繡。

3 將繡好的布泡水約 5 分鐘，讓水溶襯貼紙溶解，之後再用流水輕輕揉洗。

4 水溶襯貼紙完全洗淨後，只會留下漂亮的刺繡圖案。風乾後，需要再用熨斗整燙。

BASICS

9

繡線的抽取方法

25號繡線是由6股細線捻成一束線，要抽幾股細線來刺繡時，會用「取○股」作標示。請不要抽掉繡線上的色號標籤喔！

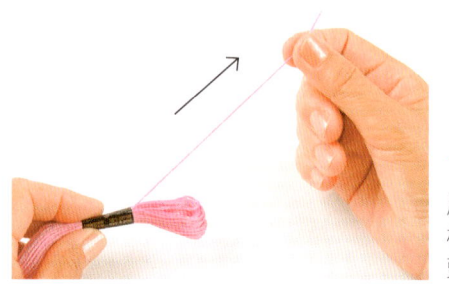

1 用手一邊壓住色號標籤，一邊抓住線頭端輕輕抽出線。

2 拉出適當的長度（約50cm）後剪掉。線若過長，在刺繡時容易打結成一團。

3 從線頭處將線一股一股抽出。小心別讓線纏繞在一起。

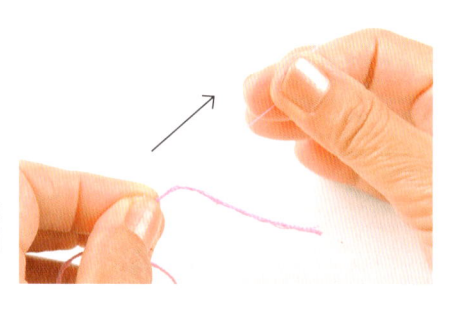

4 抽出需要的股數後，對齊線頭整理成一束。即使是使用6股線，也要重新把線抽出來整理好再使用。

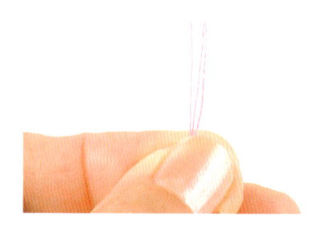

繡線穿針的方法

將好幾股併在一起的繡線一次穿過針孔。

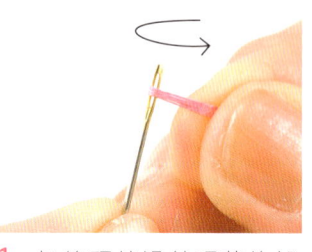

1 把線頭繞過針頭薄的部分（針孔側面），把線對折。

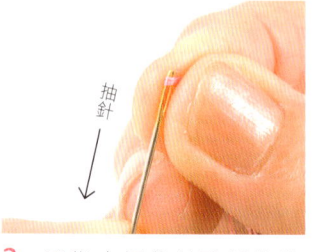

2 用指尖捏住針孔部位的線，再把針直接往下抽出。

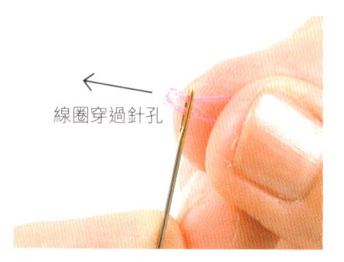

3 捏住線的手指不放開，將對折的線圈直接穿過針孔。

4 把線穿過針孔後拉長的樣子。線若過長，刺繡時很容易打結，所以補線時最好也盡量維持在50cm左右。

有它真方便！
刺繡線專用穿線器

可樂牌（Clover）

讓繡線輕易穿過針孔的輔助工具。

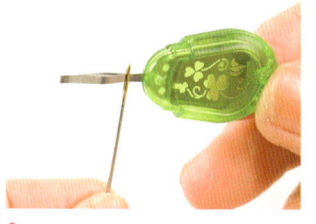

1 先將穿線器穿過針孔。

2 把線穿過穿線器的前端。

3 把針從穿線器的前端取出，線也會跟著穿過去。

起針與收針的線頭收尾

在此說明最常用的背面繞線法和打結法。

背面繞線法

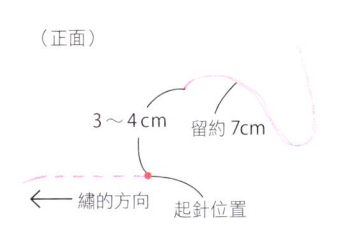

（正面）　　　　　　　　（背面）　　　　　　　　（背面）　　　　　　　　（背面）

3～4cm　留約7cm
← 繡的方向　起針位置
※觀察背面的針目，要從同個方向繞線也OK
抽出　起針的線頭

1　在距離起針位置 3～4cm 處入針，從起針位置出針。在布料正面留下 7cm 左右的線頭，再開始刺繡。

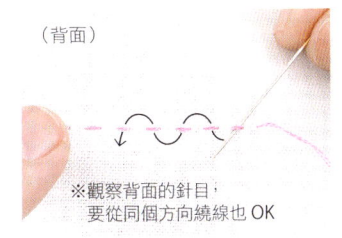

2　收針時從布的背面出針，把線依序繞過背面的線段（繞 3、4 個針目左右）。

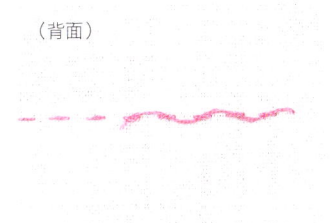

3　拉緊線，但注意別拉太用力，以免影響正面的針目，把纏繞完針目的線頭剪掉。

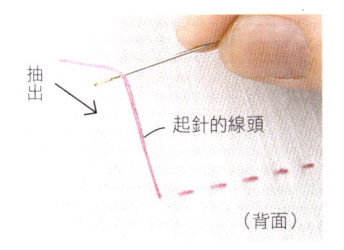

4　把步驟 1 留下來的起針線頭從背面抽出，按照步驟 2、3 的方式收尾。

起針打結法

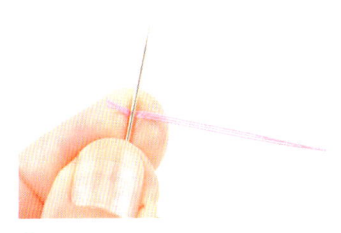

1　線穿過針孔後，把較長的線頭放在左手食指上，再用針壓在線上。

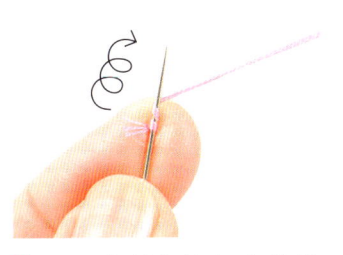

2　用食指抵住針尖，把線纏繞針 2 圈。

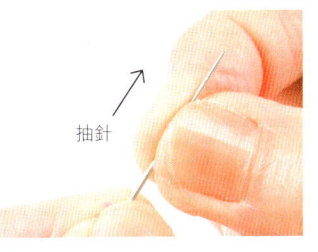

3　用左手指尖確實壓住剛才纏繞的線。用右手把針從線圈抽出來，拉緊繡線。

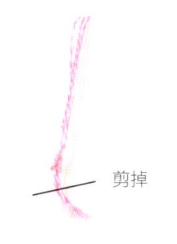

4　線頭已打好結。把前端多餘的線剪掉。

收針打結法

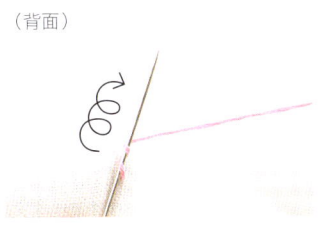

（背面）　　　　　　　　（背面）　　　　　　　　（背面）

1　針從布的背面穿出時，先不要讓針離開布面，把線纏繞針 2 圈。

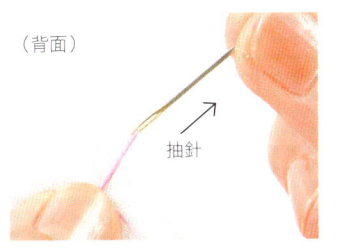

2　用左手拇指確實壓住纏繞的線圈和布，右手把針抽起，拉緊繡線。

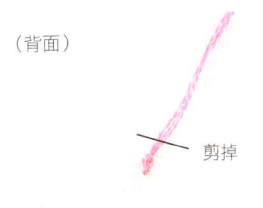

3　在靠近布面處已打好結。再把多餘的線剪掉。

讓作品更漂亮的細節功夫

清除圖案痕跡

沾濕的棉花棒

刺繡完畢後，用沾濕的棉花棒沿著圖案輪廓清除底稿。也可以輕輕用水洗，或用噴霧器噴水清除。

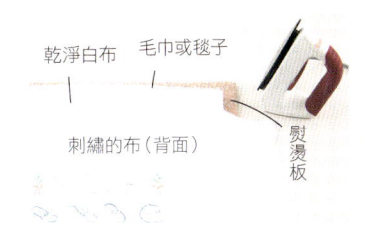

用熨斗整燙

乾淨白布　毛巾或毯子
刺繡的布（背面）　熨燙板

為了不弄壞繡好的圖案，要在繡布的底下墊上毛巾等布料再熨燙。使用熨斗前請先務必確認圖案痕跡已清除。

BASICS

法式刺繡

本書介紹的刺繡圖案，不論是只想繡一個喜歡的小圖，或是想在一塊布上繡滿一整面作品都可以善加利用。
這裡將 P.18、P.20 的作品全收錄在相框裡。
而從 P.14 起佔據一整頁的照片，則是作品的實際大小，請透過照片看清楚針法與刺繡方向後再開始吧！

外框／Olympus 拼布框 PF3（白木・內徑約 19×19cm）

P.12、P.13 的作品　マカベアリス（Makabe Alice）

選用簡約的白木外框來搭配柔和色調的〈春之庭〉。正方形的相框最能突顯運用許多花朵組合而成的設計。
實體大圖案請參考 P.18〜19

將刺繡融入居家擺設

外框／Olympus 拼布框 PF4（深褐色・內徑約 19×19cm）

用深褐色的外框搭配沉穩色調的〈秋季野山〉。配合四季的刺繡讓屋內煥然一新。
實體大圖案請參考 P.20〜21

小鳥與枝葉

以簡單的針法搭配而成，用喜歡的顏色來刺繡吧！

立川一美

使用針法⋯輪廓繡（輪廓填色繡）／平針繡／回針繡／釘線繡／鎖鏈繡（鎖鏈填色繡）／直針繡／法國結粒繡

使用 DMC 25 號繡線，全部取 2 股。圖案上的數字為繡線色號。
針法除指定外皆用輪廓繡（要填色則用輪廓填色繡，參考 P.39 的鎖鏈填色繡）。
底布：COSMO 平織麻布・米色（col.21）　　※最上排右邊兩個圖案的繡法請見 P.72 說明

15

動 物 與 花

以線條狀的針法呈現宛如插畫般的刺繡。

近藤実可子

使用針法…輪廓繡／回針繡／釘線繡／鎖鏈繡／直針繡／緞面繡／法國結粒繡（法國結粒填色繡）

使用 COSMO 25 號繡線，○內的數字為線的股數，除指定外皆取 3 股。圖案上的數字為繡線色號。
針法除指定外皆用輪廓繡；法國結粒繡皆為繞 1 圈；
動物的眼睛是法國結粒繡（602、取 2 股）；釘線繡用同色芯線 2 股＋釘線 2 股。
底布：COSMO 平織麻布・米色（col.21）

春之庭

組合六款常用的針法，繡出春季生機盎然的景象。

マカベアリス（Makabe Alice）

使用針法…輪廓繡／雛菊繡上面加直針繡／鎖鏈繡／緞面繡／法國結粒繡（法國結粒填色繡）

使用 Olympus 25 號繡線，○內的數字為線的股數，除指定外皆取 2 股。圖案上的數字為繡線色號。
針法除指定外皆用輪廓繡；法國結粒繡皆為繞 2 圈。
★…雛菊繡上面加直針繡　底布：COSMO 平織麻布・米色（col.21）

秋季野山

集合了深色色調,描繪出秋天的果實。

マカベアリス(Makabe Alice)

使用針法…輪廓繡（輪廓填色繡）／雛菊繡上面加直針繡／鎖鏈繡／直針繡／緞面繡／法國結粒繡

使用 Olympus 25 號繡線，○內的數字為線的股數，除指定外皆取 2 股。圖案上的數字為繡線色號。
針法除指定外皆用輪廓繡；法國結粒繡皆為繞 2 圈；
輪廓填色繡就是用輪廓繡填色（參考 P.39 的鎖鏈填色繡）。
★…雛菊繡上面加直針繡　　底布：COSMO 平織麻布・米色（col.21）

Running stitch
平針繡

用來表現線條的刺繡針法。
在圖案上重複「入針、出針」的動作。
讓針目維持相同長度是繡得漂亮的訣竅。

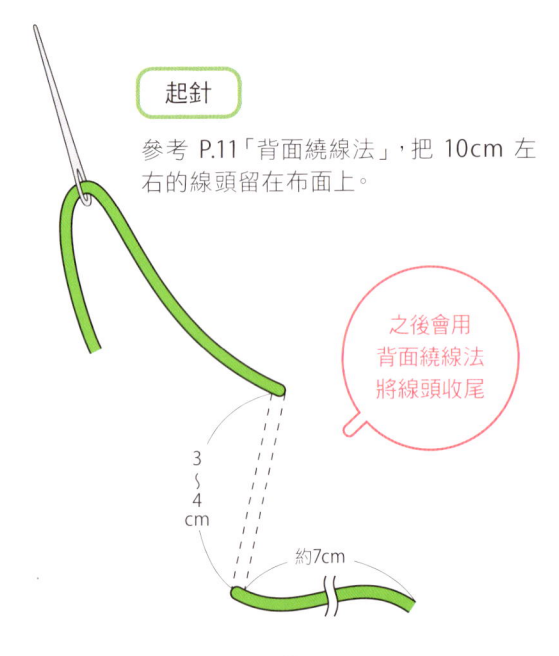

起針

參考 P.11「背面繞線法」，把 10cm 左右的線頭留在布面上。

之後會用背面繞線法將線頭收尾

3～4cm

約7cm

1 按照圖案輪廓線，把繡線從起始處出針。

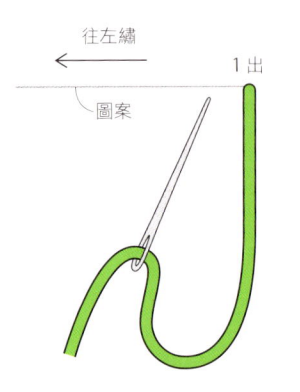

往左繡
圖案
1出

2 在往前一個針目的位置入針後，跳過一個針目的距離往前出針。

等間距
3出 2入 1

3 盡量維持等間距往前繡，保持針目等長。

3

重複2～3的步驟

收針・背面

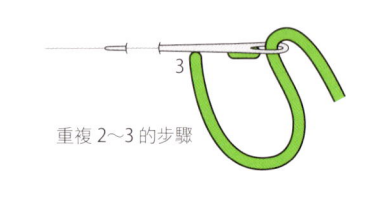

背面的針目會和正面一樣。

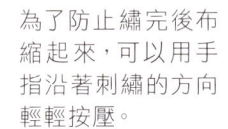

完成

為了防止繡完後布縮起來，可以用手指沿著刺繡的方向輕輕按壓。

背面・線頭收尾

把線頭穿過背面的 3～4 個針目裡，稍微拉緊後剪掉多餘的線。起針的線頭也以同樣方式收尾。

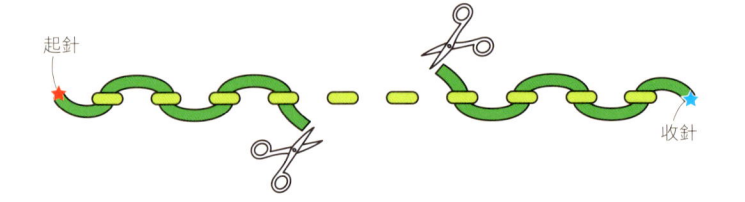

起針
收針

起針時預留的線頭也以相同方式收尾。

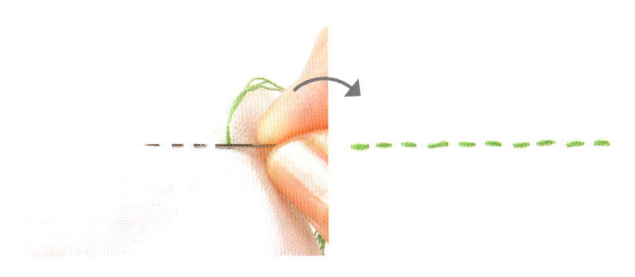

繡直線時
在圖案輪廓線上連續挑 3～4 針，再一起拉出繡線，直線就能繡得比較筆直。

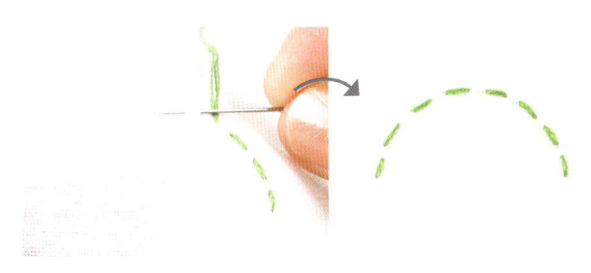

繡弧線時
配合圖案的弧線，一針一針往前繡。

平針繡的針法變化

穿線平針繡

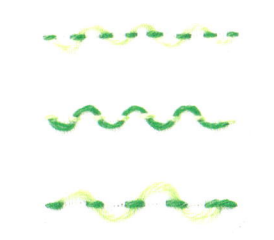

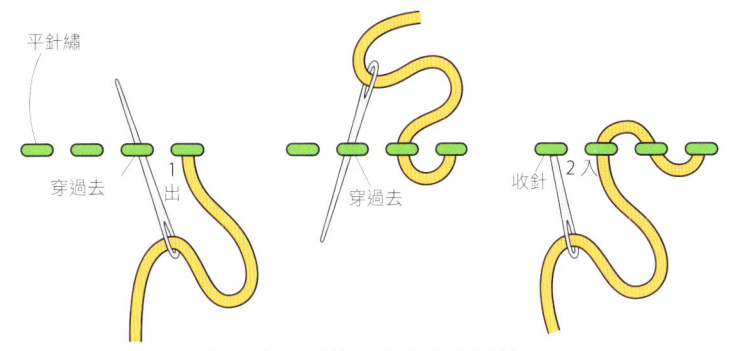

先繡完平針繡，另起一條線以蛇行的方式穿過針目。第二條線的起針和收針線頭，都在背面用打結收尾。

> 穿過針目時小心別刺壞繡線

用第二條線穿過平針繡的針目時，可以用針孔那頭穿越。

背面・線頭收尾
（穿線平針繡和繞線平針線皆通用）

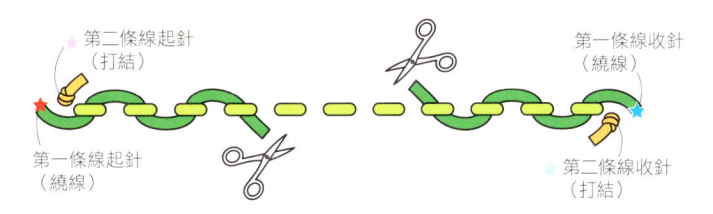

第二條線起針（打結）　第一條線收針（繞線）
第一條線起針（繞線）　第二條線收針（打結）

繞線平針繡

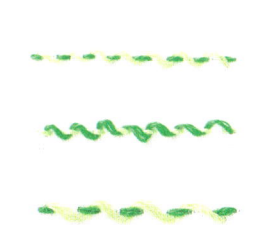

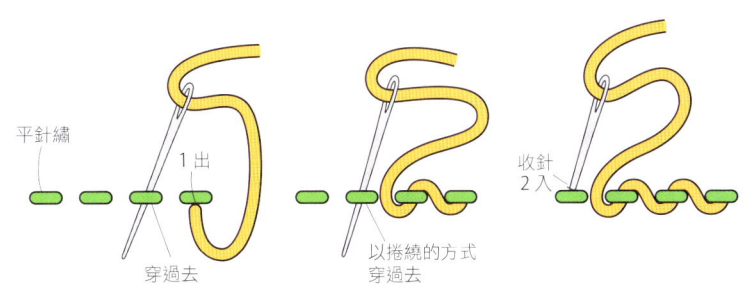

先繡完平針繡，另起一條線以捲繞的方式從平針繡的同一側穿過針目。第二條線的起針和收針線頭，都在背面用打結收尾。

Outline stitch
輪廓繡

可以繡出漂亮的直線和弧線，是最常用的刺繡針法。
若繡得很緊密，也可以當作填色的方式，稱之為「輪廓填色繡」，
作法請參考 P.39 的「鎖鏈填色繡」。

起針

1 在圖案起始線的不遠處入針，從圖案輪廓線上出針。

留下 10cm 左右的起針線頭

2 在往前一個針目的位置入針，再回頭從一半的地方出針。

3 重複「往前繡一針後再返回半針」，如此繡下去。

重複 2～3 的步驟

完成

背面・線頭收尾

把線頭穿過背面的 3～4 個針目裡，稍微拉緊後剪掉多餘的線。起針的線頭也以同樣方式收尾。

收針　　起針

收針・背面

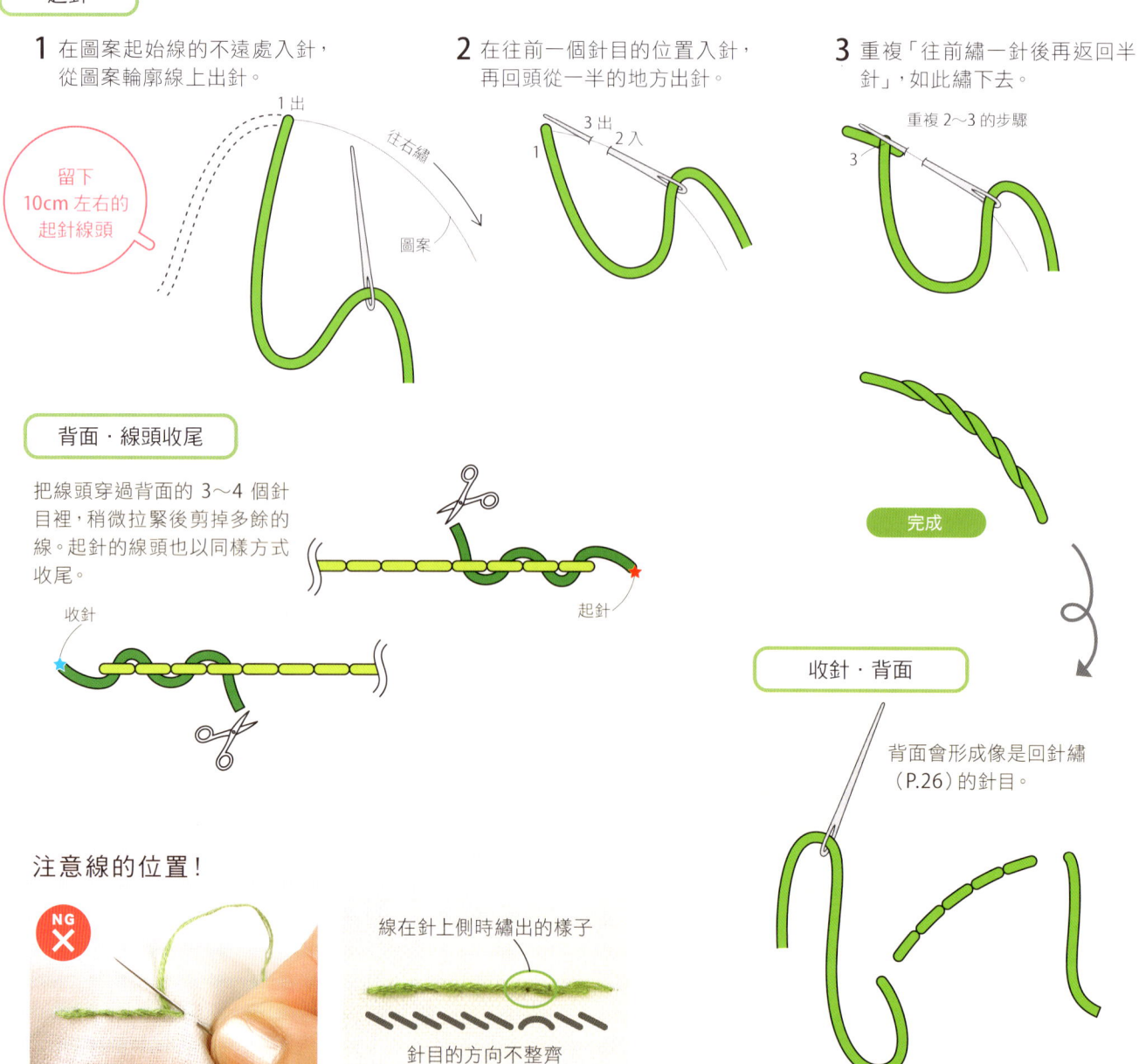

背面會形成像是回針繡（P.26）的針目。

注意線的位置！

NG ✕

線在針上側時繡出的樣子

針目的方向不整齊

刺繡時要讓線維持在針的下側。
若線在針的上側，繡完的針目會變得不整齊。

24

輪廓繡的重點在於「針目長度」

即使用相同股數的線，輪廓繡也會因繡法不同而改變線條的粗細。
配合想要完成的圖案或視覺效果來調整針目，即是繡得漂亮的訣竅。

基本針目　返回半個針目

回針時在上一個針目的相同位置出針

完成　形成半個針目的線段重疊。

背面　呈現如回針繡（P.26）的針目。

細線　稍微回針

回針時，在上一個針目略後面位置出針

完成　針目重疊的部分較少，線條變得比較細。

背面　呈現如平針繡（P.22）的針目。

粗線　針目斜斜地繡

像是跨越圖案線條般入針、出針

完成　針目斜斜地並排，形成粗線條。

背面　針目以斜的方式重疊。

弧線要用短針目來繡

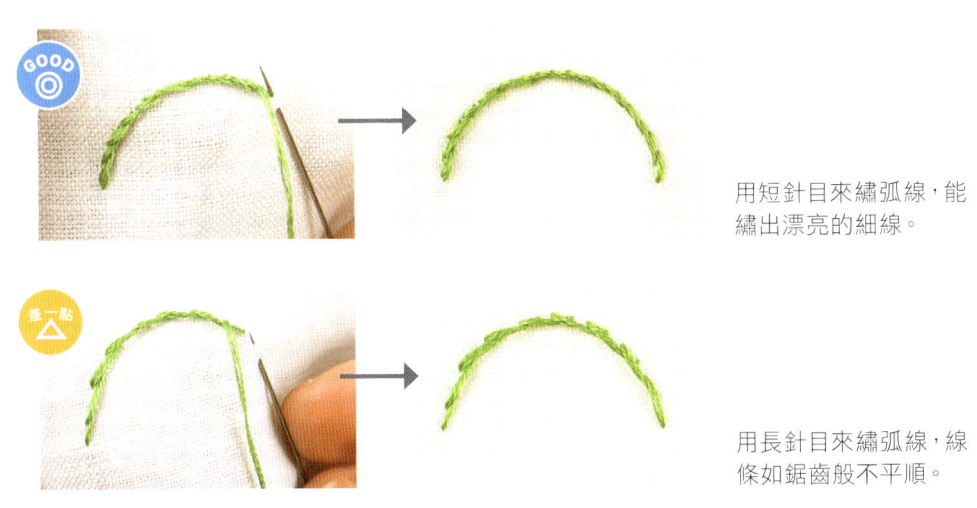

GOOD ◎

用短針目來繡弧線，能繡出漂亮的細線。

差一點 △

用長針目來繡弧線，線條如鋸齒般不平順。

25

Back stitch
回針繡

用來表現線條的針法。像縫紉機車出來的縫線般，以同樣長度的針目繡出沒有縫隙的線條。
繡法要領與縫紉的「回針縫」相同。

起針

1 在離圖案不遠處入針，再從圖案起點往前一個針目的位置出針。

往左繡
1出
圖案
起點

留下10cm左右的起針線頭

2 回到一個針目的位置（＝圖案起點）入針，再往前二個針目的位置出針。

等間距
3出　1　2入

3 再回到一個針目的位置入針，往前二個針目的位置出針……重複此動作。

3
5出　4入
（1的位置）

背面・線頭收尾

把線頭穿過背面的3～4個針目裡，稍微拉緊後剪掉多餘的線。
起針的線頭也以同樣方式收尾。

★ 起針
收針

起針線頭的收尾方式和收針線頭相同

完成

收針・背面

背面會形成如輪廓繡（P.24）的針目。

背面像這樣從繡線中穿出也OK

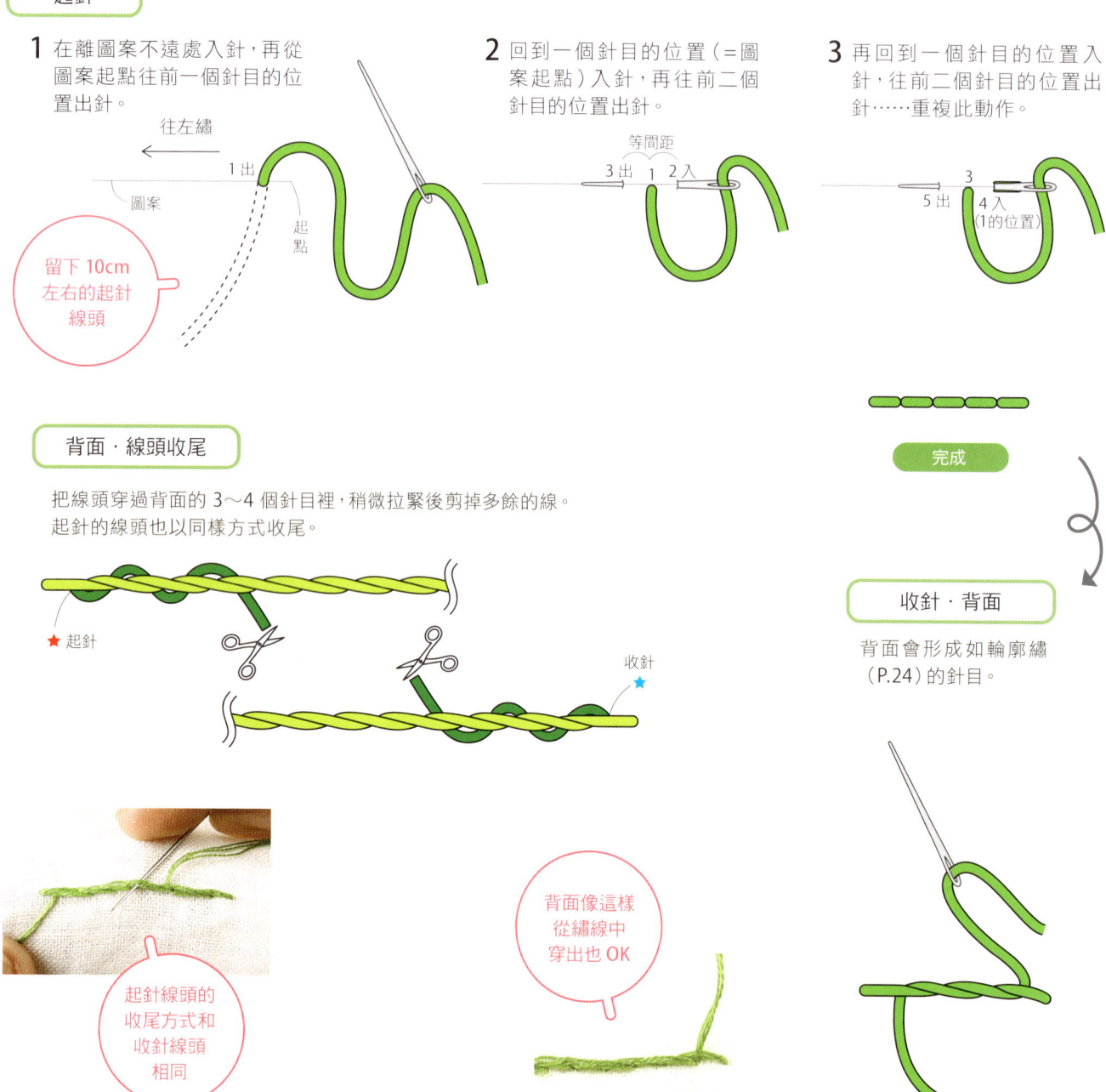

26

Couching stitch
釘線繡

刺繡時需要使用二根針、二條線（分別稱為芯線和釘線），
先繡出芯線後，再用釘線固定住芯線。
也可以用毛線或繩子來當作芯線。

起針

1 芯線穿針後，從圖案的起點出針，沿著圖案輪廓線擺放。

芯線的針頭先插在不遠處固定住

沿著圖案輪廓線擺放

圖案

往左繡

a出

留下10cm左右的線頭

2 釘線從芯線的起點旁出針。

1出

釘線也留下10cm左右的線頭

3 以短的直針繡（P.40）固定住芯線。

2入
3出

釘線要與芯線保持垂直

重複 2～3 的步驟

b入

4 用釘線把芯線沿著圖案輪廓線繡好後，把芯線從圖案的終點刺入，從背面出針。

完成

背面・線頭收尾

1

2

3

1 把芯線的線頭穿過背面的3～4個針目裡，剪掉多餘的線。
2 把釘線的線頭也穿過背面的3～4個針目裡，接著再剪掉多餘的線。
3 起針的線頭也以同方式收尾。

收針・背面

芯線的起針和收針的線頭都在背面。

用喜歡的刺繡圖案
妝點隨身小物

あべまり（Abe Mari）

小束口袋上面繡了白鶴圖案，大紅色的棉布與純白的羽毛令人眼睛為之一亮。充滿喜慶氛圍的束口袋是個會讓人開心的贈禮。
刺繡圖案請參考 P.30～31
束口袋的作法請參考 P.129

西須久子

在棉質手帕繡上名字縮寫，使用簡潔配色營造出成熟穩重的氣氛。英文字圖案可以自行更換繡線顏色，就用喜歡的顏色來繡繡看吧。

刺繡圖案請參考 P.32～35

和風吉祥圖騰

彷彿能招來好運般的喜慶圖案。

あべまり（Abe Mari）

使用針法…鎖鏈繡（鎖鏈填色繡）／繞線平針繡／輪廓繡／回針繡／雛菊繡（雛菊繡裡面加直針繡）／
直針繡／緞面繡／法國結粒繡（法國結粒填色繡）／開放式釦眼繡（封閉式釦眼繡）／飛鳥繡

輪廓繡 485
輪廓繡 900
緞面繡 900
701
輪廓繡③562

直針繡 524
輪廓繡 701
364
直針繡 701
雛菊繡 524

輪廓繡 364
法國結粒繡 563
701
飛鳥繡
直針繡 232
雛菊繡 701

封閉式釦眼繡 232
飛鳥繡 562
565
輪廓繡 565

法國結粒填色繡 701
輪廓繡 485
法國結粒繡 900
雛菊繡裡面加直針繡 801・900
緞面繡 900
緞面繡 801
開放式釦眼繡 485
直針繡 485
輪廓繡 485
直針繡 485

輪廓繡 562
法國結粒繡 900
直針繡 900
265
緞面繡 232
直針繡 562
輪廓繡 563

緞面繡 701・562
輪廓繡 524
563
輪廓繡 364 801 701
緞面繡 364・562
直針繡 701

輪廓繡 701
法國結粒繡 701
回針繡 701
緞面繡 701

繞線平針繡
芯線 801+繞線 701
輪廓繡③563
524
回針繡 563

使用 Olympus 25 號繡線。○內的數字為線的股數，除指定外皆取 2 股。圖案上的數字為繡線色號。
針法除指定外皆用鎖鏈繡（鎖鏈填色繡）；法國結粒繡皆為繞 1 圈。
底布：COSMO 平織麻布・米色（col.21）
※白鶴圖案的繡法請見 P.73 說明

31

浪漫花卉英文字母

用喜歡的顏色來繡文字，再添加適合顏色的花朵。

西須久子

圖案請見 P.34～35

使用針法…輪廓繡（輪廓填色繡）／雛菊繡／直針繡／法國結粒繡（法國結粒填色繡）

法國結粒填色繡
958
雛菊繡
841

841

法國結粒填色繡
955

雛菊繡
955

932

931

法國結粒填色繡
955

雛菊繡 955

法國結粒填色繡
977

雛菊繡 977

841

931

法國結粒填色繡
955

雛菊繡 955

使用 DMC 25 號繡線，全部取 2 股。圖案上的數字為繡線色號。
針法除指定外皆用輪廓繡（粗體部分使用輪廓填色繡，參考 P.39 的鎖鏈填色繡）；
法國結粒繡皆為繞 2 圈。 底布：COSMO 平織麻布・白色（col.11）

Lazy daisy stitch
雛菊繡

像花瓣般的可愛刺繡。
此種針法常用於表現花朵與葉子圖案。
繡出數個排列成圓,便能做出不同樣態的花形。

起針
將線頭打結,從布的背面入針。

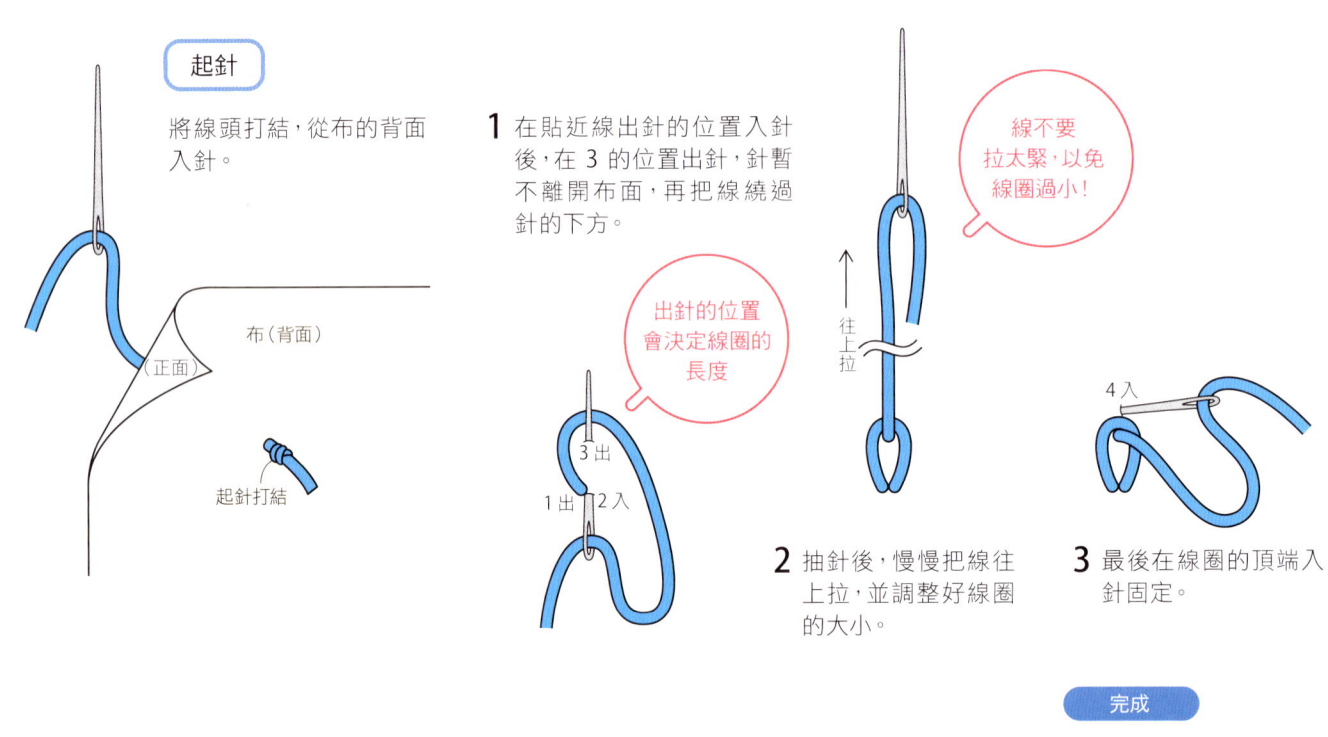

布(背面)
正面
起針打結

1 在貼近線出針的位置入針後,在 3 的位置出針,針暫不離開布面,再把線繞過針的下方。

出針的位置會決定線圈的長度

3 出
1 出　2 入

線不要拉太緊,以免線圈過小!

往上拉

2 抽針後,慢慢把線往上拉,並調整好線圈的大小。

4 入

3 最後在線圈的頂端入針固定。

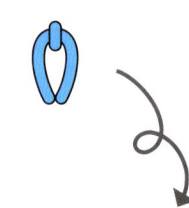

注意線的繞法!
在針的下方繞線時,小心別讓線在底部交叉。

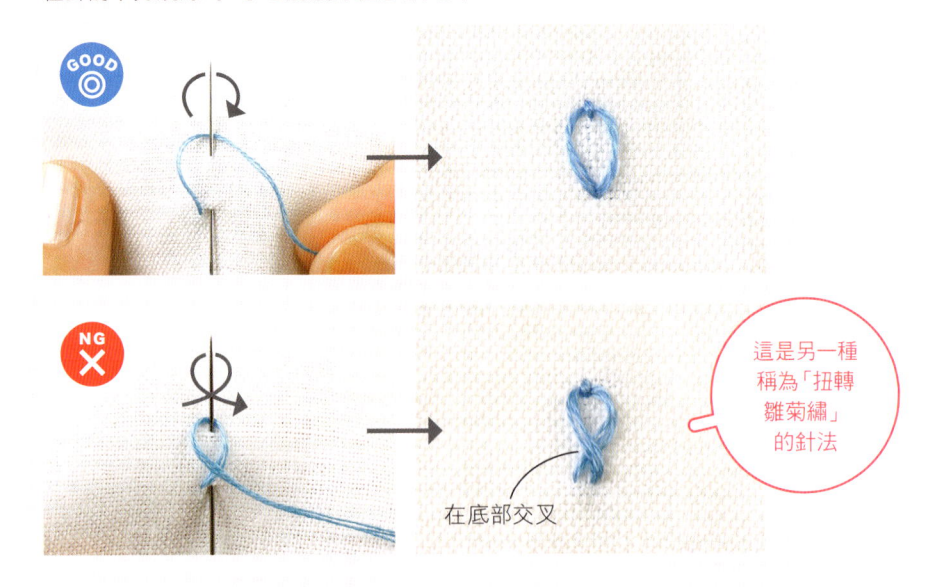

GOOD

NG ✗

在底部交叉

這是另一種稱為「扭轉雛菊繡」的針法

完成

背面・線頭收尾

★ 收針打結
★ 起針打結

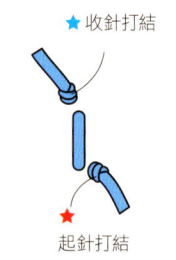

在布的背面收針,打結後剪去多餘的線。

用雛菊繡做出花朵形狀

5 片花瓣的花

圖案 → 記號處

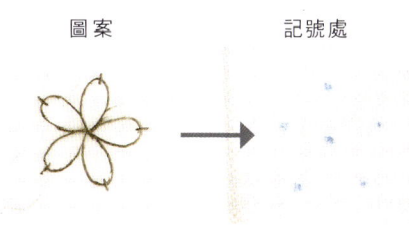

轉印圖案時
在花朵的中心和每片花瓣的頂點位置各作上記號。

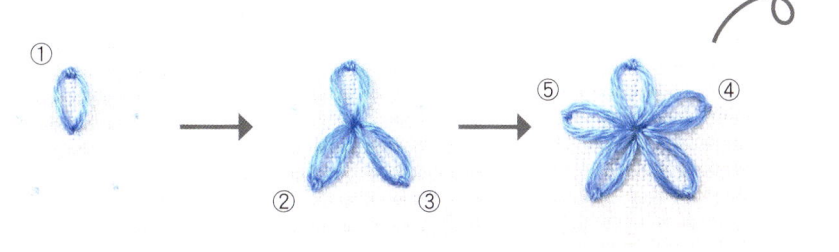

> 不要在布上做出過多的記號，成品才會漂亮

① 從花的中心點出針，繡上第一片花瓣。

②③ 像是要做出三角形般，再繡第二和第三片。

④⑤ 如同要填補空隙般，繡上第四片和第五片。

收針・背面
收針時線頭在背面打結，並剪掉多餘的線（也可以將起針、收針的線頭留到最後，以穿過針目的方式來收尾）。

★ 起針打的結
☆ 收針處（打結）

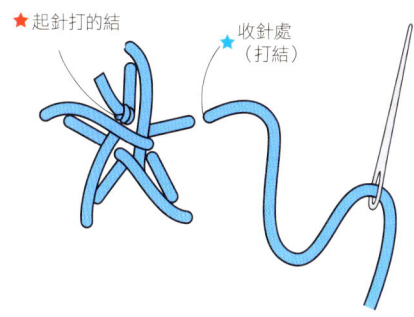

繡花時的重點
若要繡圓形花朵，先繡出對角線的花瓣，便能掌握住花瓣間距，使整體平衡。

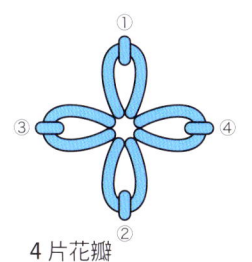

4 片花瓣 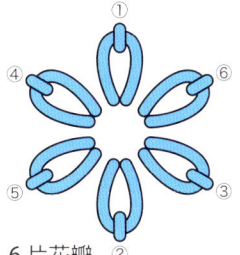　　6 片花瓣 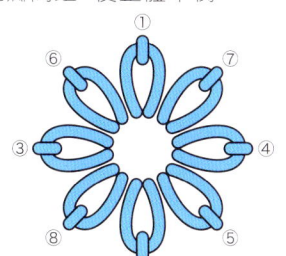　　8 片花瓣

針法變化

雛菊繡裡面加直針繡

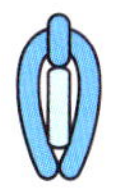

雛菊繡上面加直針繡

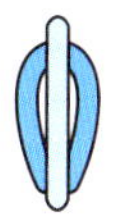

不論是哪一種，都是最後才繡直針繡。

雛菊繡的針法變化

雙重雛菊繡

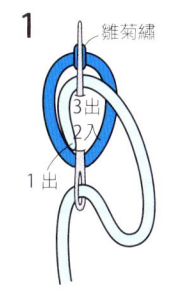

1 雛菊繡　1出　2入　3出

2 4入

完成

在雛菊繡的裡面，再繡一個比較小的雛菊繡。

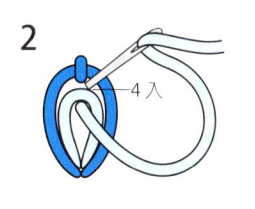

背面・線頭收尾

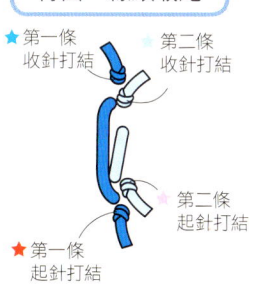

☆ 第一條收針打結
☆ 第二條收針打結
★ 第一條起針打結
✦ 第二條起針打結

若要連續繡好幾個，線頭可留到最後，以穿過針目的方式來收尾。

37

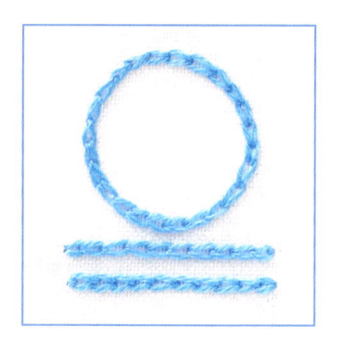

Chain stitch
鎖鏈繡

外型像鎖鏈般圈圈相連，
形成又粗又紮實的線條。
刺繡時需配合圖案走向隨時調整布的方向。

起針

1 在距離圖案不遠處入針，再從圖案輪廓線上出針。

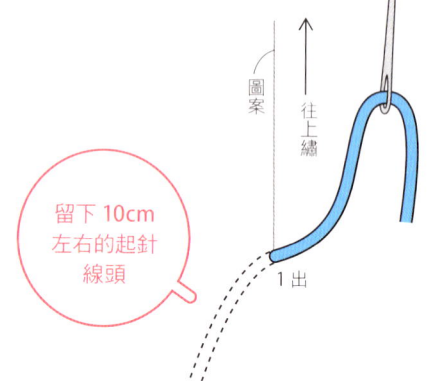

留下 10cm 左右的起針線頭

2 在貼近線出針的位置入針，接著在往前一個針目的位置出針，針暫不離開布面，把線繞過針的下方。

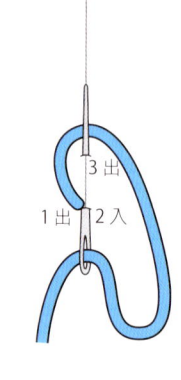

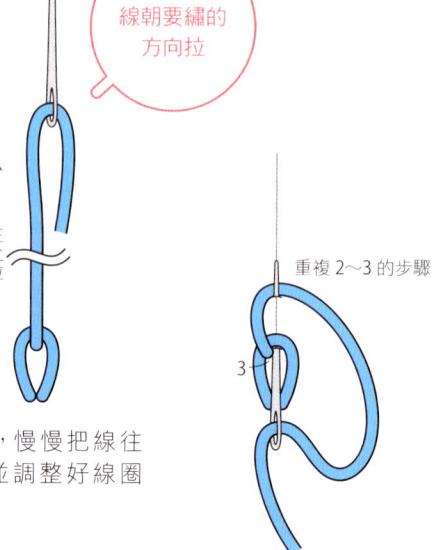

線朝要繡的方向拉

3 抽針後，慢慢把線往上拉，並調整好線圈的大小。

重複 2～3 的步驟

4 在貼近線出針的位置入針，並重複同樣方式，不斷往前繡出相連的線圈。

5 在最後一個線圈的頂端入針固定。

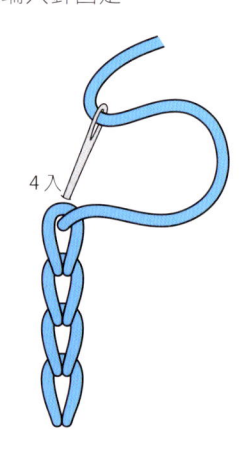

背面・線頭收尾

把收針線頭穿過背面的 3～4 個針目裡，稍微拉緊後剪掉多餘的線。起針的線頭也以同樣方式收尾。

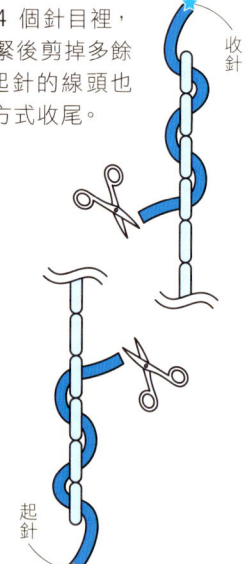

收針・背面

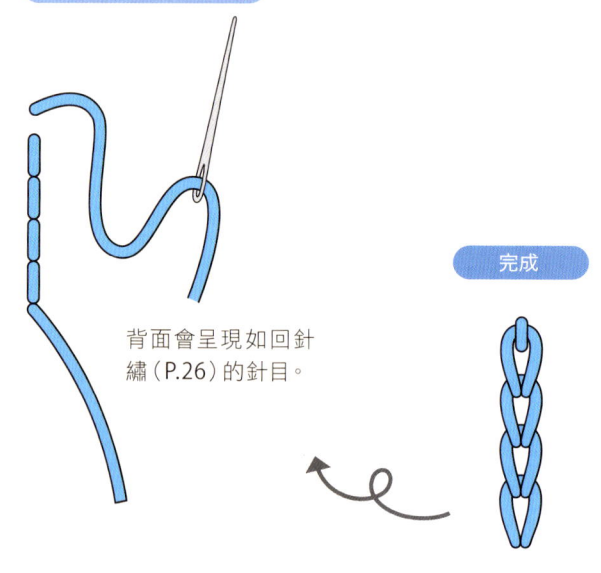

背面會呈現如回針繡（P.26）的針目。

完成

鎖鏈繡的起針與收針相連的時候

最後一圈先不繡,把針穿過最初的線圈,再回到收針的位置入針固定。

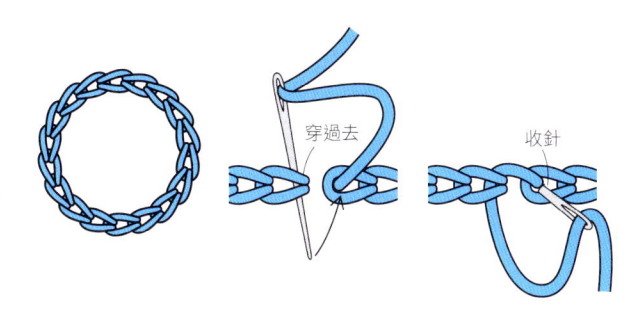

穿過去　　收針

將鬆鬆的線圈調整成大小一致

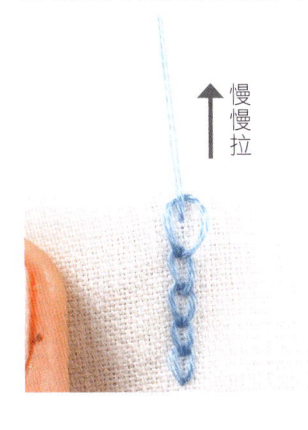

慢慢拉

盡量把線圈調整成相同大小會比較好看。不要弄壞了線圈,往要繡的方向慢慢調整大小。

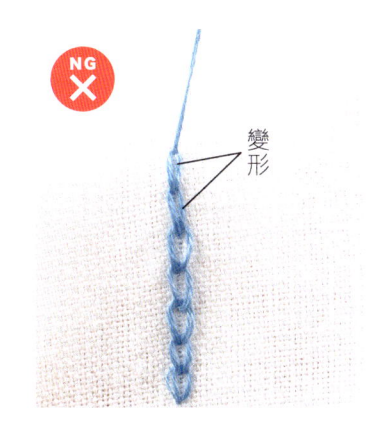

NG 變形

突然用力拉線會把線圈拉壞使形狀跑掉。而且若是往自己的方向拉線,線圈(＝針目長度)會越變越小,這點要特別注意。

刺繡途中繡線不夠長時

1 先做出一個較大的線圈,把不夠的短線放在背面。

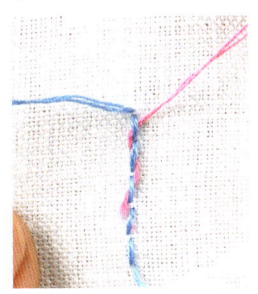

2 新線穿針後,在繡布的背面先穿過3～4個針目。

3 把穿好新線的針從繡布正面下個針目的位置出針,穿過上一條線的線圈裡。

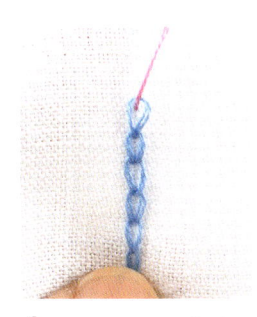

4 拉動上一條舊線,調整線圈大小。

5 以新線繼續繡下去。把舊線的線頭在背面穿過針目收尾。

| 針法變化 | 鎖鏈填色繡 ── 用鎖鏈繡來填滿空格 |

要填滿圓形時,先在外圍繡一圈,再沿著螺旋線條往內側一圈圈繡滿。

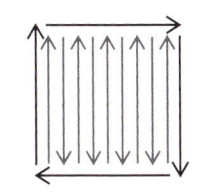

要填滿方形時,先把外框的每一邊都繡好,再以往返的方式在內側繡滿直線。

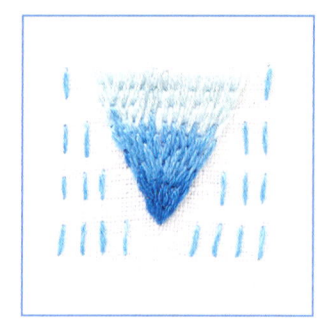

Straight stitch / Long & short stitch

直針繡
長短針繡

直針繡顧名思義，只需要不斷地繡直線即可。
可透過針目的長度、方向和排列方向，繡出各式各樣的圖案。

直針繡

起針・背面

將線頭打結，從布的背面入針。

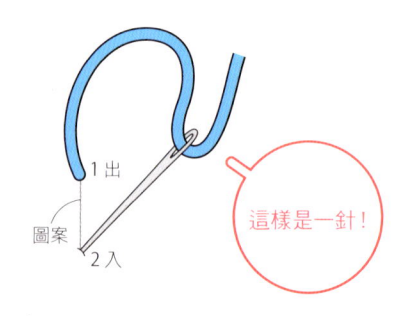

起針打結

1 從圖案的起點出針，然後在終點入針。

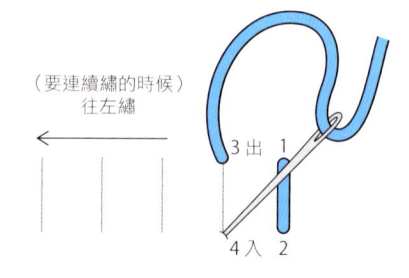

1出
圖案
2入

這樣是一針！

（要連續繡的時候）
往左繡

3出 1
4入 2

2 要繡多條直線時，不用剪線，連續繡下去即可。

背面・線頭收尾

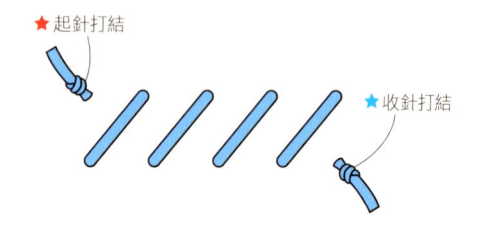

★起針打結
☆收針打結

收針時線頭在背面打結，並剪掉多餘的線（也可以將起針、收針的線頭留到最後，以穿過針目的方式來收尾）。

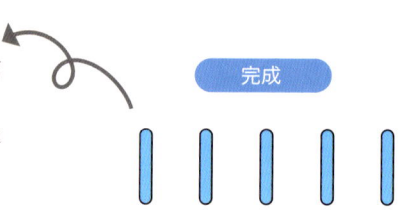

完成

需要以直針繡來填補大片面積時，可使用長短針繡

利用直針繡的長短針目來填補大片面積時，就稱為「長短針繡」。經常運用在花瓣、葉片和動物的毛流，也很適合用在呈現漸層色，或是表現出花瓣的立體感。

長短針繡

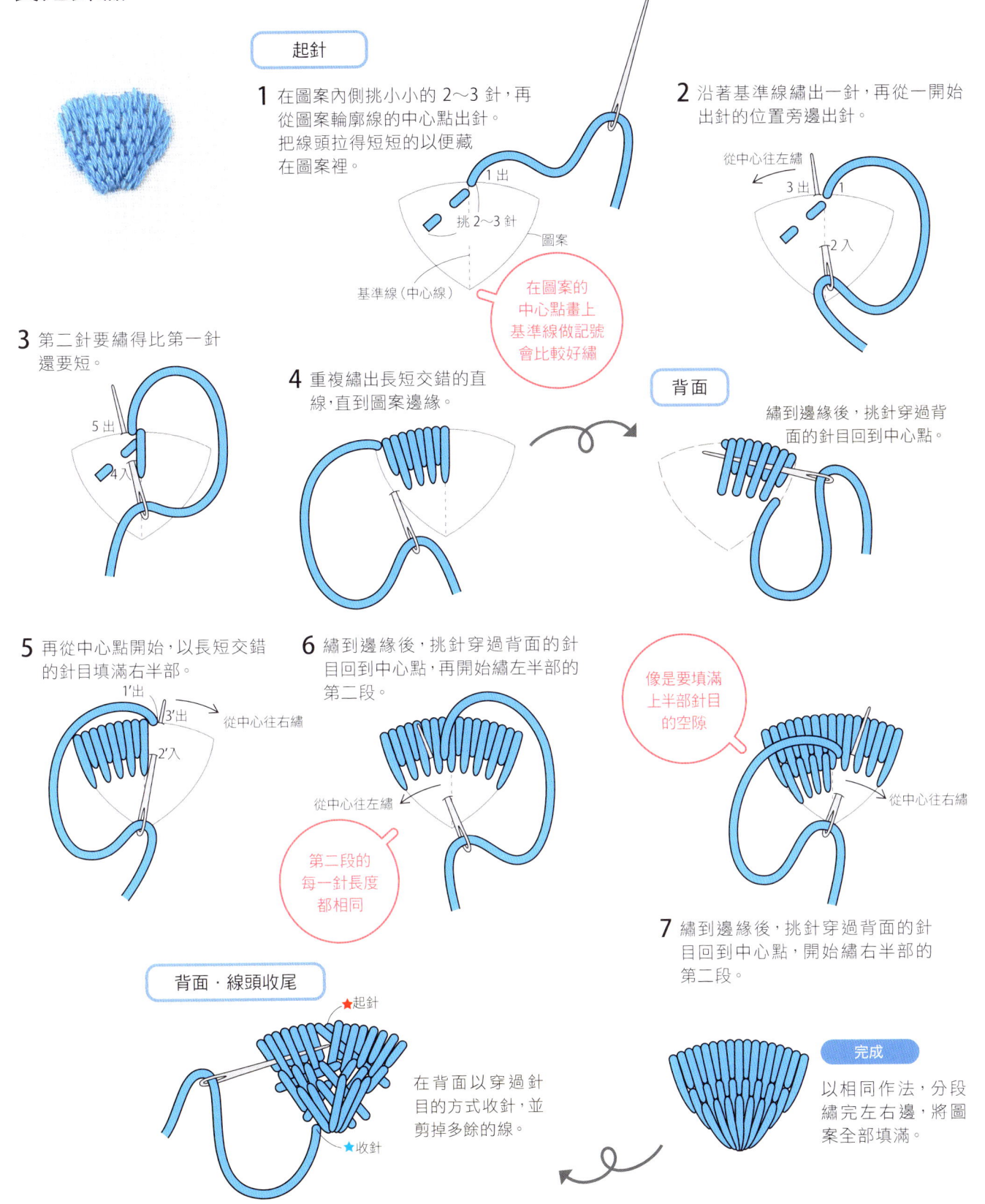

起針

1 在圖案內側挑小小的 2〜3 針,再從圖案輪廓線的中心點出針。把線頭拉得短短的以便藏在圖案裡。

2 沿著基準線繡出一針,再從一開始出針的位置旁邊出針。

在圖案的中心點畫上基準線做記號會比較好繡

3 第二針要繡得比第一針還要短。

4 重複繡出長短交錯的直線,直到圖案邊緣。

背面

繡到邊緣後,挑針穿過背面的針目回到中心點。

5 再從中心點開始,以長短交錯的針目填滿右半部。

6 繡到邊緣後,挑針穿過背面的針目回到中心點,再開始繡左半部的第二段。

第二段的每一針長度都相同

像是要填滿上半部針目的空隙

7 繡到邊緣後,挑針穿過背面的針目回到中心點,開始繡右半部的第二段。

背面・線頭收尾

在背面以穿過針目的方式收針,並剪掉多餘的線。

★起針
★收針

完成

以相同作法,分段繡完左右邊,將圖案全部填滿。

41

Satin stitch
緞面繡

用直針繡（P.40）以平行方式來補滿圖案面積。
與長短針繡（P.41）不同，繡線是橫跨圖案兩端，
所以更適合繡小面積的圖案。

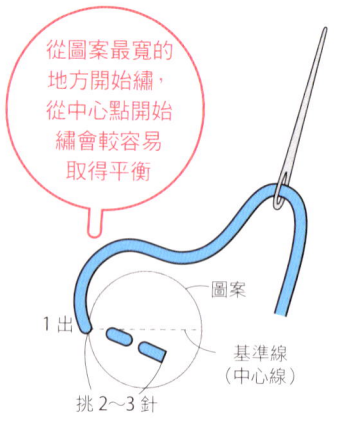

從圖案最寬的地方開始繡，從中心點開始繡會較容易取得平衡

起針

1. 在圖案內側挑小小的 2～3 針，再從圖案輪廓線上（中心線）出針。把線頭拉得短短的以便藏在圖案裡。

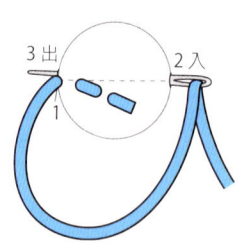

2. 將繡線橫跨圖案的中心線兩端，再從一開始出針的位置旁邊出針。

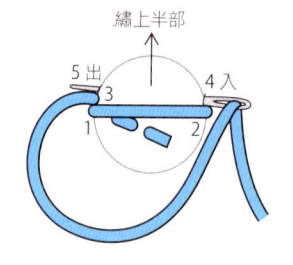

3. 像平行線般排列，逐漸往上填滿。

背面

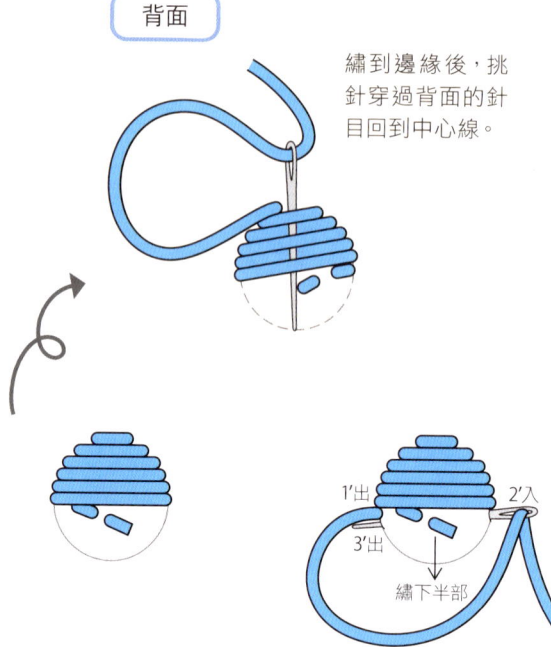

繡到邊緣後，挑針穿過背面的針目回到中心線。

4. 把上半部的圖案繡到邊緣。

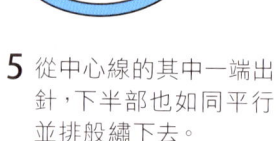

5. 從中心線的其中一端出針，下半部也如同平行並排般繡下去。

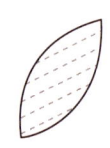

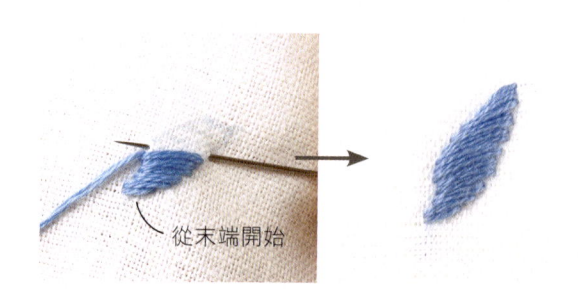

背面・線頭收尾

在背面以穿過針目方式收針，並剪掉多餘的線。

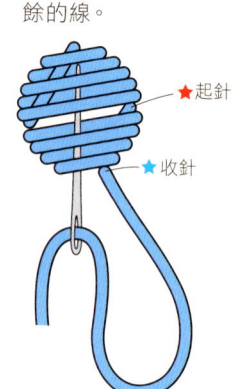

★起針
☆收針

完成

繡到圖案邊緣為止，把圖案全部填滿。

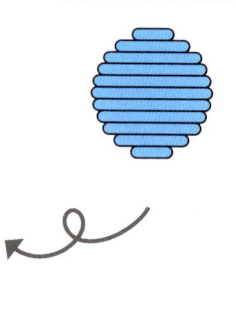

要繡像葉子般有尖角的圖案時

沿著周圍的角度從邊緣開始繡，就能完整繡出尖角的形狀。建議先畫上配合圖案角度的平行基準線，會更容易繡。

從末端開始

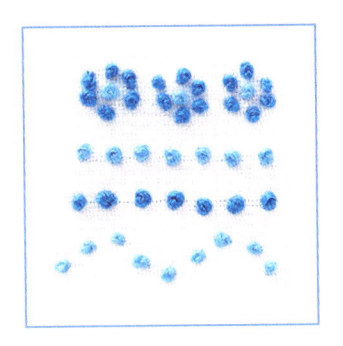

French knot stitch
法國結粒繡

製作出顆粒狀線結的刺繡針法。
線結的大小會根據線的股數與粗細，和線在針上繞的圈數而決定。
訣竅是不要讓繡線鬆掉，要確實拉緊。

起針・背面

把線頭打結，從布的背面入針。

起針打結

繞 1 圈

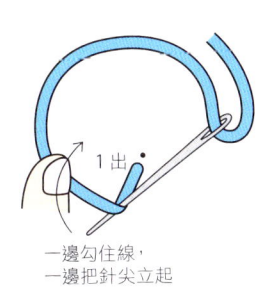

壓緊線不讓線滑出針外

1 從布的正面出針後，用繡線繞針。

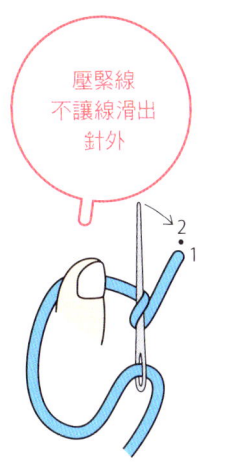

一邊勾住線，一邊把針尖立起

2 針尖朝上，往剛才出針的位置旁邊刺入。

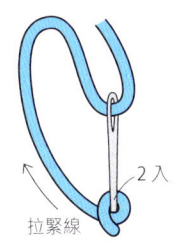

完成

拉緊線

3 把針垂直穿過去，拉緊繡線，方才纏繞的線就會留在布面，形成顆粒狀。

繞 2 圈

繡線繞針的次數越多，線結就越大。

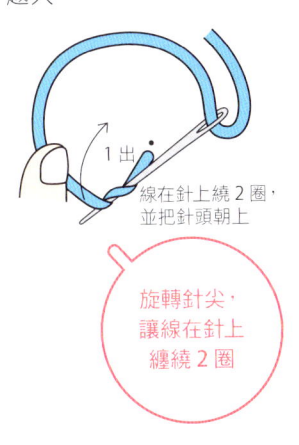

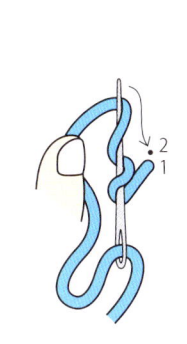

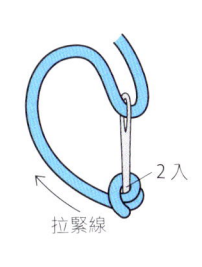

線在針上繞 2 圈，並把針頭朝上

旋轉針尖，讓線在針上纏繞 2 圈

完成

拉緊線

收針・背面

收針時線頭在背面打結，並剪掉多餘的線。若在附近還要多繡幾個時，可以先不剪線，等到最後再一起收尾。

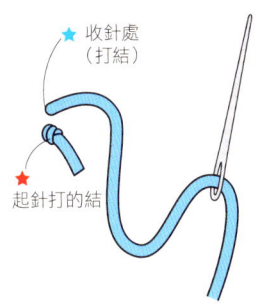

收針處（打結）
起針打的結

線的股數和繞的圈數會改變線結的大小

線的鬆緊度也會使線結大小產生變化，可以多方嘗試看看。

（實際大小・25 號繡線）

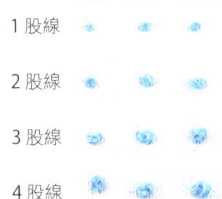

	繞1圈	繞2圈	繞3圈
1股線			
2股線			
3股線			
4股線			

針法變化

法國結粒填色繡──用法國結粒繡來填滿空格

這是用法國結粒繡來填滿圖案的作法，最適合用來製作小碎花或花蕾等，能營造出立體感。

43

用刺繡製作個性風雜貨

新井なつこ
（Natsuko Arai）

將幾個簡單的花紋圖樣互相搭配、反覆繡出，途中還可以變換顏色，藉此形成雅緻的書衣設計。書衣外面還附有一個小小的口袋喔！
部分刺繡圖案請參考 P.48～49
書衣的作法請參考 P.130

實體大圖案

- 869
- 822
- 直徑 0.3cm 的珠子
- 直徑 0.5cm 的珠子
- 最上面是直針繡①310
- 869
- 0.5cm 寬的緞帶
- 輪廓繡
  ③347
  ③ECRU
  ③931
- 口袋

（實際大小）

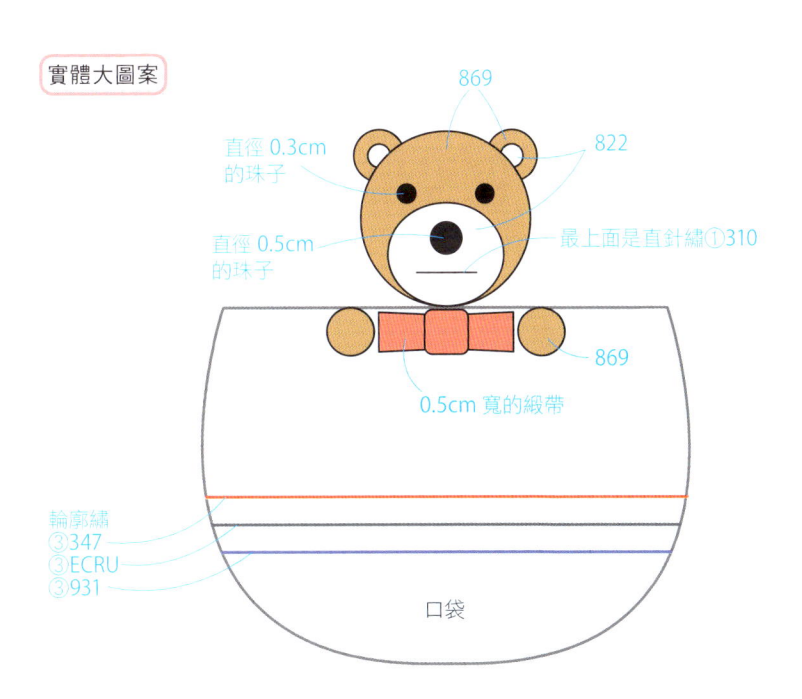

使用 DMC 25 號繡線，○內的數字為線的股數，除指定外皆取 2 股。圖案上的數字或英文為繡線色號。
針法除指定外皆用輪廓填色繡（從外側開始以輪廓繡補滿，參考 P.39 的鎖鏈填色繡）。
底布：COSMO 平織棉布・深藍色（col.4）

宮田二美世（NOEL）　在鮮豔的印花棉布上繡出甜甜圈、蛋糕捲等甜點圖案。
只要利用市售的「包釦胸針組」，就能輕鬆做出可愛的胸針。

使用可樂牌的包釦胸針組（橢圓 55、圓形 40）
※請參考包裝上的說明組裝胸針

實體大圖案

Sweet
- 釘線繡 156
- 法國結粒繡 繞 3 圈 隨機繡 310 和 2480
- 長短針繡 2001
- 輪廓填色繡 307

Cute
- 釘線繡 4905
- 雛菊繡 4905
- 釘線繡 156
- 法國結粒繡 繞 1 圈 156
- 長短針繡 2297・242
- 輪廓填色繡 310・2480
- 鎖鏈繡 444A

Yummy
- 緞面繡 242・2480
- 釘線繡 156
- 輪廓繡 156
- 鎖鏈填色繡 307
- 輪廓填色繡 2297
- 直針繡 156

使用 COSMO 25 號繡線，○內的數字為線的股數，除指定外皆取 2 股。圖案上的數字為繡線色號。
釘線繡使用同色芯線 2 股＋釘線 1 股；輪廓填色繡就是用輪廓繡填滿圖案（參考 P.39 的鎖鏈填色繡）。
底布：素色印花棉布

ポコルテポコチル
（Pocorute Pocochiru）

繡了「虹鱒」和抬頭向上看的「鸚哥」圖案，並在裡面塞進填充棉花，做出膨鬆的感覺，將這款造型胸針別在身上或包包上必能吸引目光。

胸針作法請參考 P.128

實體大圖案

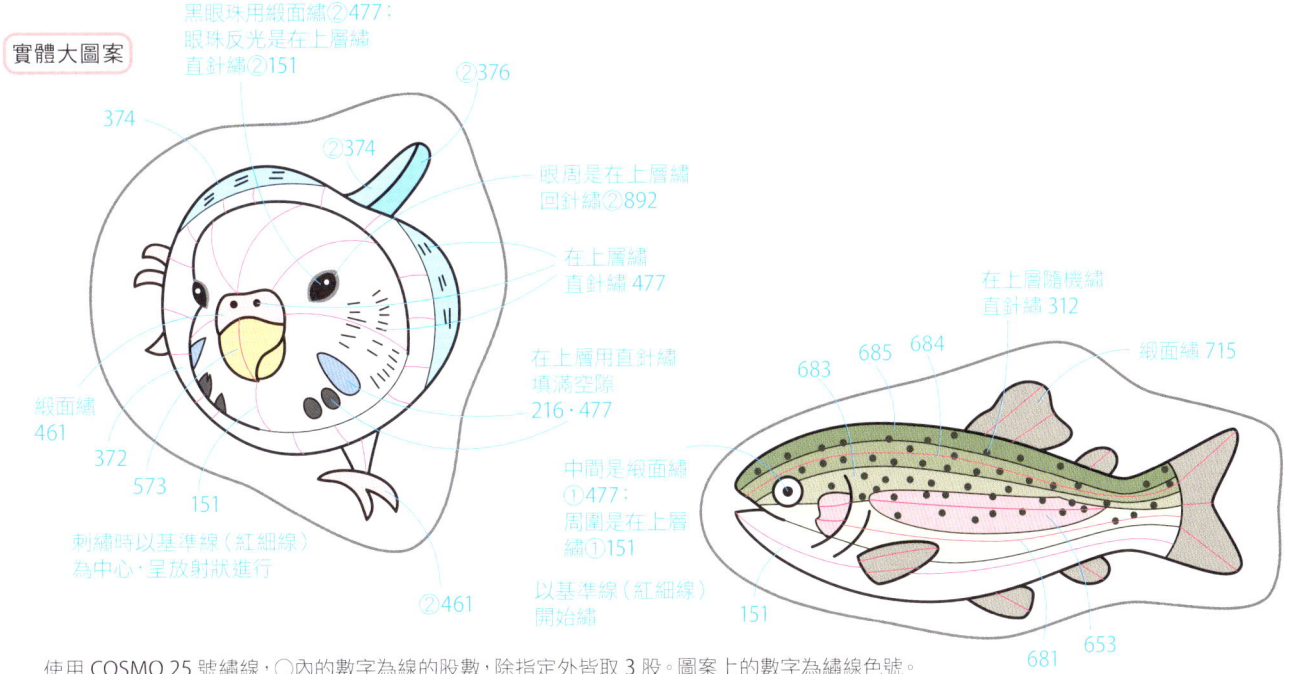

黑眼珠用緞面繡②477；
眼珠反光是在上層繡
直針繡②151

374
②374
②376

眼周是在上層繡
回針繡②892

在上層繡
直針繡 477

在上層用直針繡
填滿空隙
216．477

中間是緞面繡
①477；
周圍是在上層
繡①151

緞面繡
461

372
573
151

刺繡時以基準線（紅細線）
為中心，呈放射狀進行

②461

以基準線（紅細線）
開始繡

在上層隨機繡
直針繡 312

緞面繡 715

683　685　684

151

681　653

使用 COSMO 25 號繡線，○內的數字為線的股數，除指定外皆取 3 股。圖案上的數字為繡線色號。
針法除指定外皆用鎖鏈繡（或是鎖鏈填色繡；可用直針繡或緞面繡填滿空隙）。
圖案輪廓皆用鎖鏈繡，取 1 股 477。　底布：素色棉布

47

三色花紋

配合想繡出的大小,來調整花紋的數量吧!

新井なつこ(Natsuko Arai)

使用針法…輪廓繡（繞線輪廓繡）／穿線回針繡／雛菊繡／鎖鏈繡／直針繡／緞面繡／
法國結粒繡／開放式釦眼繡（封閉式釦眼繡）

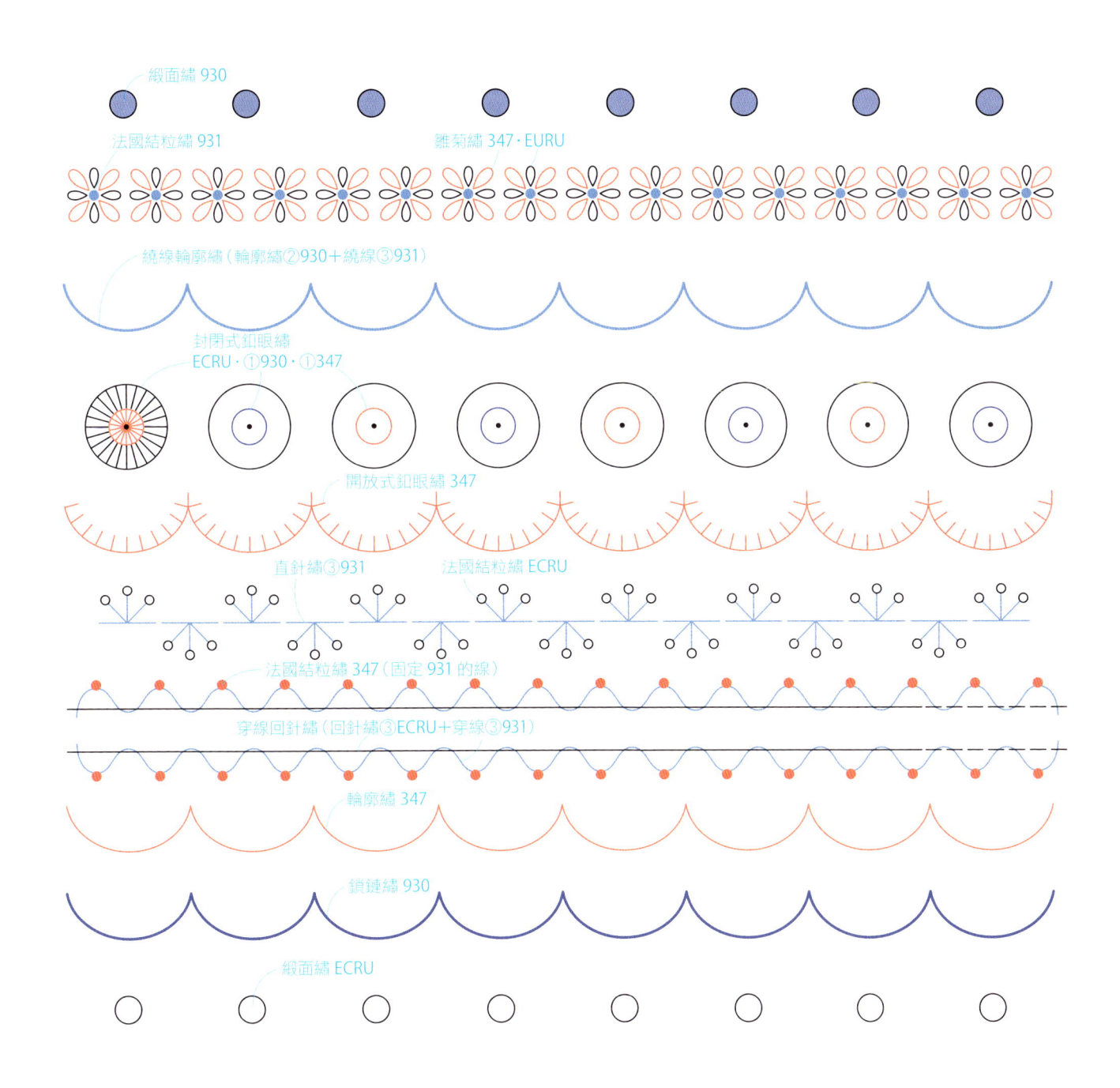

緞面繡 930

法國結粒繡 931　　　　　雛菊繡 347・EURU

繞線輪廓繡（輪廓繡②930＋繞線③931）

封閉式釦眼繡
ECRU・①930・①347

開放式釦眼繡 347

直針繡③931　　　法國結粒繡 ECRU

法國結粒繡 347（固定 931 的線）

穿線回針繡（回針繡③ECRU＋穿線③931）

輪廓繡 347

鎖鏈繡 930

緞面繡 ECRU

使用 DMC 25 號繡線，○內的數字為線的股數，除指定外皆取 2 股。圖案上的數字或英文為繡線色號。
法國結粒繡皆為繞 2 圈；繞線輪廓繡和穿線回針繡的作法，請參考 P.23「平針繡的針法變化」來穿繞線。
底布：COSMO 平織麻布・白色（col.11）

49

小狗與貓咪

用鎖鏈繡以放射狀的方式填滿刺繡圖案。

ポコルテポコチル（Pocorute Pocochiru）

使用針法⋯鎖鏈繡（鎖鏈填色繡）／回針繡／雛菊繡／直針繡／緞面繡

緞面繡 477

在上層繡 雛菊繡 464

在上層繡 直針繡 ①477

477

151

緞面繡 477

2307

直針繡 318

3651

151

直針繡 ①477

在上層繡 緞面繡 151

緞面繡 461

312

條紋圖案是在上層繡 直針繡 312

眼白用緞面繡 ②151

151 緞面繡 464

475

369

312

緞面繡 ②318

151

在上層繡 直針繡 ②477

2307

緞面繡 461

151

466

151

在上層繡 直針繡 ①477

緞面繡 461

307

緞面繡 477

466

在上層繡 466

緞面繡 ②318

464

在上層繡直針繡 466

眼白用回針繡 ②151

2307

緞面繡 461

477

緞面繡 ②318

306

在上層繡 緞面繡 461

在上層繡 直針繡 ①461

條紋圖案是在上層繡直針繡 2307

在上層繡 直針繡 ①477

573 573

在上層繡 緞面繡 461

緞面繡 477

151

直針繡 573

緞面繡 461

在上層繡直針繡 ②477

477

使用 COSMO 25 號繡線，○內的數字為線的股數，除指定外皆取 3 股。圖案上的數字為繡線色號。
針法除指定外皆用鎖鏈繡（或是鎖鏈填色繡；以紅細線為基準呈放射狀刺繡；可用直針繡或緞面繡填滿空隙）。
圖案輪廓皆用鎖鏈繡，取 1 股 477（偏細的部分則用回針繡或直針繡）。
黑眼珠用鎖鏈填色繡，色號 477（小眼珠取 1 股線，大眼珠取 3 股線）；眼珠反光部分則取 2 股 151，在底層上面繡直針繡。
底布：COSMO 平織棉布・白色（col.11）　※中間的親子貓繡法請見 P.73 說明

51

各種陸海空動物

留意毛流的方向，將整體的空隙都填滿就是繡得漂亮的訣竅。

ポコルテポコチル（Pocorute Pocochiru）

使用針法…鎖鏈繡（鎖鏈填色繡）／回針繡／雛菊繡／直針繡／長短針繡／緞面繡

使用 COSMO 25 號繡線，○內的數字為線的股數，除指定外皆取 3 股。圖案上的數字為繡線色號。
針法除指定外皆用鎖鏈繡（或是鎖鏈填色繡；以紅細線為基準呈放射狀刺繡；可用直針繡或緞面繡填滿空隙）。
圖案輪廓皆用鎖鏈繡，取 1 股 477（偏細的部分則用回針繡或直針繡）。
黑眼珠用鎖鏈填色繡，色號 477（小眼珠取 1 股線，大眼珠取 3 股線）；
眼珠反光部分則取 2 股 151，在底層上面繡直針繡。　底布：COSMO 平織棉布・白色（col.11）

53

五顏六色的甜點

適合當作手帕或化妝包上的亮點圖案。

宮田二美世（NOEL）

使用針法⋯輪廓繡（輪廓填色繡）／釘線繡／雛菊繡／法國結粒繡
鎖鏈繡（鎖鏈填色繡）／直針繡／長短針繡／緞面繡

釘線繡 156
法國結粒繡 隨機繡 2001 和 310
長短針繡 2480
307

長短針繡 ③334・③2480
2001
2011

雛菊繡 4905
釘線繡 156・4905
長短針繡 242
法國結粒繡 繞1圈 156
長短針繡 2480
307
2001 鎖鏈繡 310

緞面繡 156
156
307
緞面繡 242
緞面繡 310
釘線繡 310

鎖鏈填色繡 310
2480
釘線繡 285
緞面繡 242

釘線繡 285・156
雛菊繡 3299
法國結粒繡 444A

法國結粒繡 2001
釘線繡 4905
緞面繡 242
2480
2025
釘線繡 2297・282
法國結粒繡 310
法國結粒繡 隨機繡 310・2480・2297

334
310
緞面繡 242

長短針繡 ③282
285
法國結粒繡 ③2001
2480

釘線繡 156
緞面繡 2001
2297
156
直針繡 156
緞面繡 2480
鎖鏈填色繡 307

長短針繡 334
307

釘線繡 2297
釘線繡 282

使用 COSMO 25 號繡線，○內的數字為線的股數，除指定外皆取 2 股。圖案上的數字為繡線色號。
針法除指定外皆用輪廓繡（要填色則用輪廓填色繡，參考 P.39 的鎖鏈填色繡）。
除指定外，法國結粒繡皆為繞 3 圈；釘線繡用同色芯線 2 股＋釘線 1 股。
底布：COSMO 平織麻布・白色（col.11）　※蛋糕捲和甜甜圈的繡法請見 P.73 說明

55

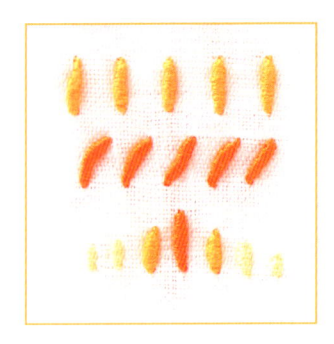

Bullion stitch
捲線繡

把線一圈一圈捲繞在針上，
做出細長形的線結，呈現立體感。
用較長的針可以使線結保持粗細均一，形狀更漂亮。

起針・背面

把線頭打結，從布的背面入針。

起針打結

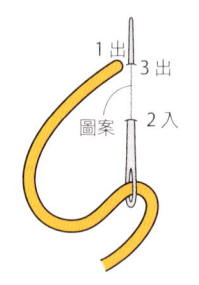

1 出　3 出　2 入　圖案

1 將繡線橫跨圖案的中心線兩端，再從一開始出針的位置旁邊把針穿出後，針留在布面上。

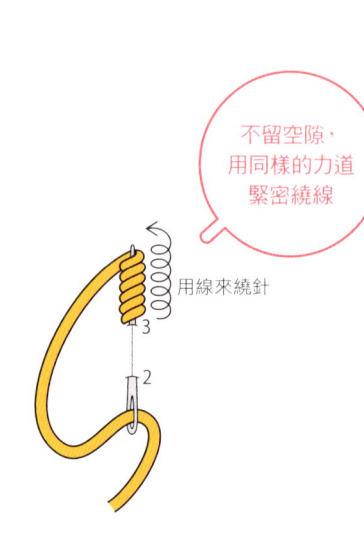

2 用線繞針數圈（捲線長度略超過入針 2、出針 3 之間的距離）。

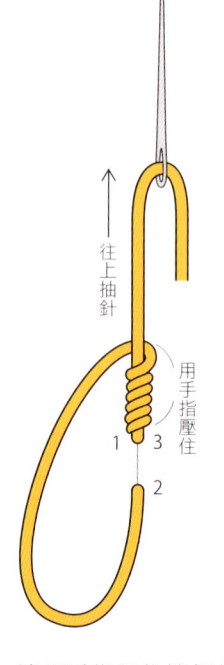

不留空隙，用同樣的力道緊密繞線

用線來繞針

3 一邊用手指壓住捲好的線，再輕輕把針抽出來。

往上抽針　用手指壓住

4 將繡線方向往下，並把鬆鬆的捲線拉緊，整理一下形狀。

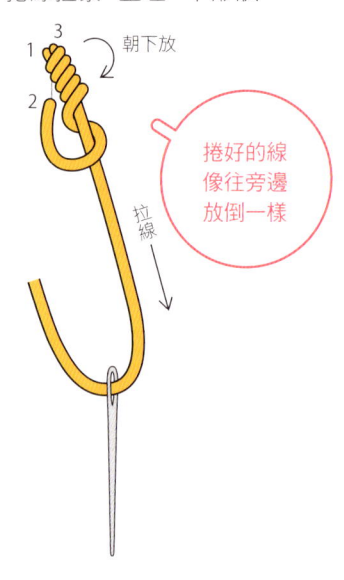

朝下放　拉線

捲好的線像往旁邊放倒一樣

5 在 2 的相同位置入針，從布的背面出針。

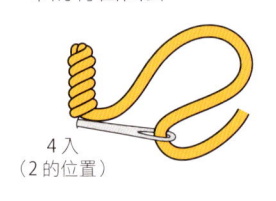

4 入（2 的位置）

完成

背面・線頭收尾

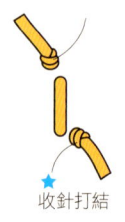

★ 起針打結
☆ 收針打結

收針時線頭在背面打結，並剪掉多餘的線（要連續繡好幾處時，也可以把起針、收針的線頭留到最後，以穿過針目的方式來收尾）。

56

捲線繡做得漂亮的重點

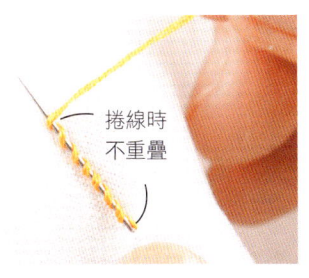

1 捲線時,讓針盡量貼近布面不要懸空。 *(捲線時不重疊)*

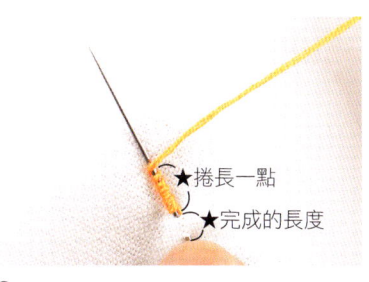

2 拉緊線,把捲好的線往下靠攏。把線捲得比要完成的長度略長是做得漂亮的訣竅。 *(★捲長一點 ★完成的長度)*

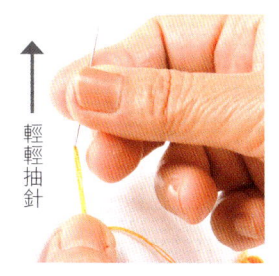

3 抽針時,用左手拇指確實壓住捲好的線和布。 *(輕輕抽針)*

4 從捲線中穿過的繡線,與從布面穿出的線是相連的。 *(拉起這條線,鬆鬆的捲線就會被拉緊)*

5 調整好捲線繡的形狀後,把針刺入固定。

完成 做好一個凸起的立體刺繡。

捲線繡的針法變化

捲線玫瑰繡

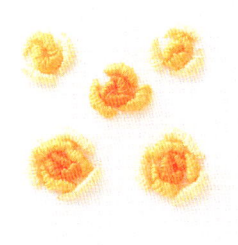

用捲線繡做出立體的漂亮玫瑰花。只要改變顏色就能變化出漸層的效果。也可依個人喜好增添花瓣的圈數。

第一圈 用三個捲線繡在中心做出一個小三角形。

第二圈 用比第一圈還要長的捲線繡,像是要把三角形的頂點包覆住。

第三圈 再用比第二圈還要長的捲線繡,像是要把整個圖案包圍住。

完成

57

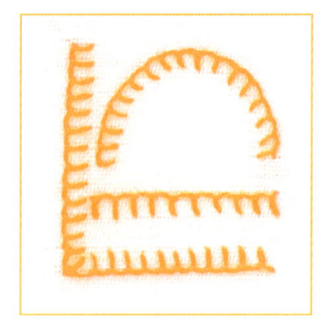

Open buttonhole stitch
開放式釦眼繡

扣眼繡又被稱為「毛邊繡」。
先畫出平行線當作基準線，會比較好繡。
刺繡時請配合圖案的走向隨時調整布的方向。

起針・背面

把線頭打結，從布的背面入針。

起針打結

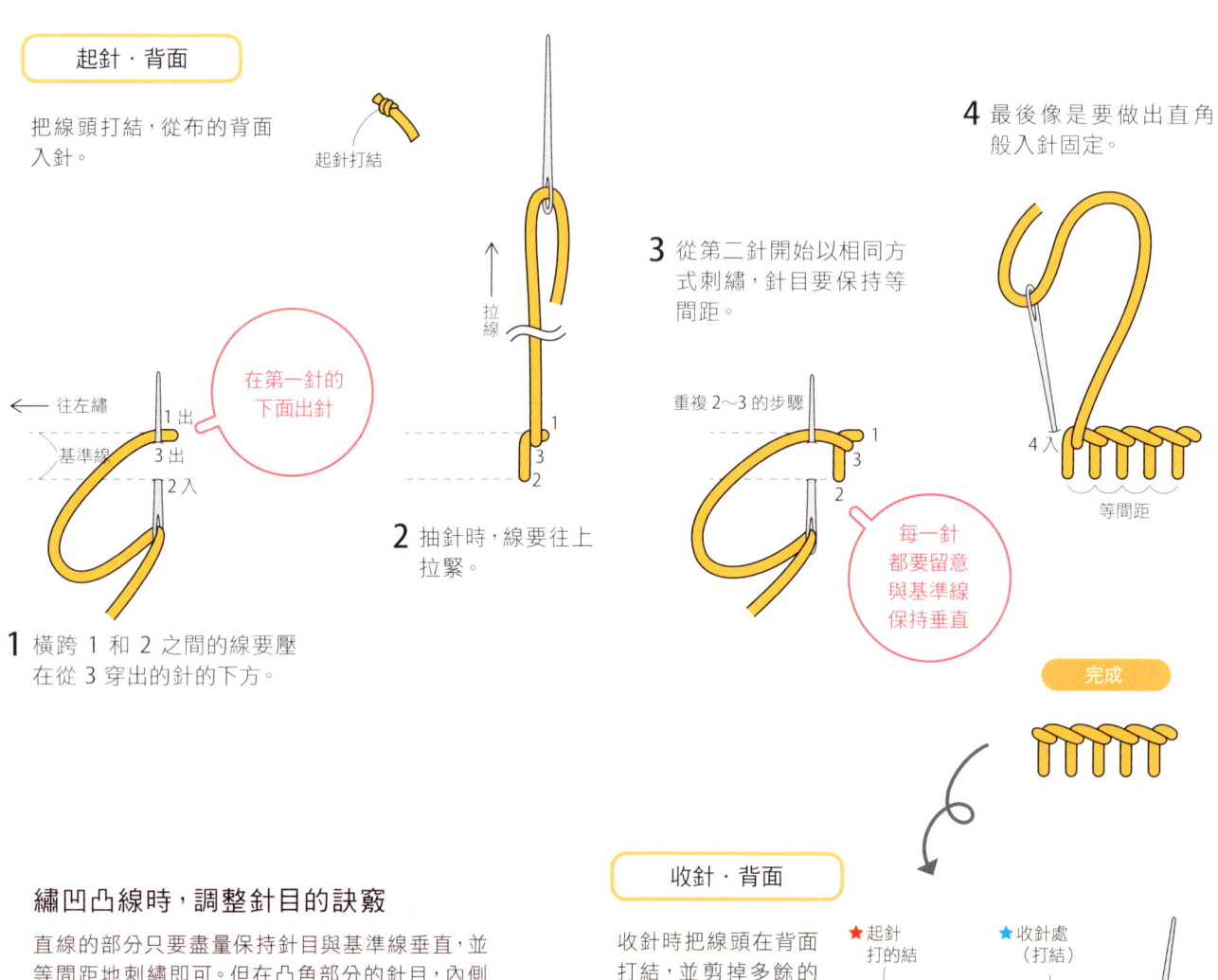

在第一針的下面出針

← 往左繡
基準線
1 出
3 出
2 入

1 橫跨 1 和 2 之間的線要壓在從 3 穿出的針的下方。

拉線

2 抽針時，線要往上拉緊。

3 從第二針開始以相同方式刺繡，針目要保持等間距。

重複 2～3 的步驟

每一針都要留意與基準線保持垂直

4 最後像是要做出直角般入針固定。

4 入
等間距

完成

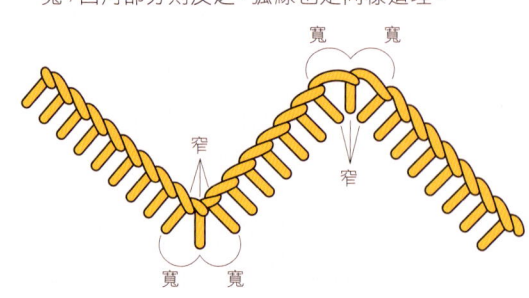

收針・背面

收針時把線頭在背面打結，並剪掉多餘的線（起針、收針的線頭也可以留到最後，以穿過針目的方式來收尾）。

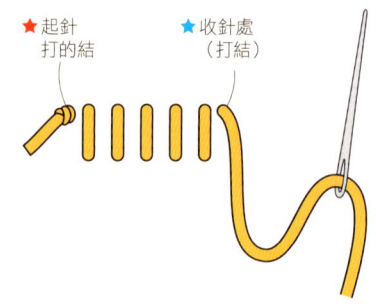

★ 起針打的結
★ 收針處（打結）

繡凹凸線時，調整針目的訣竅

直線的部分只要盡量保持針目與基準線垂直，並等間距地刺繡即可。但在凸角部分的針目，內側（下排）的間距要縮短，外側（上排）的間距要放寬；凹角部分則反之。弧線也是同樣道理。

寬　寬
窄
窄
寬　寬

刺繡途中繡線不夠的情形

將舊線從背面出針，留下一個線圈

1 將短缺的舊線在正面留下一個線圈。

2 穿好新線的針從下個針目的位置出針，穿過舊線線圈。

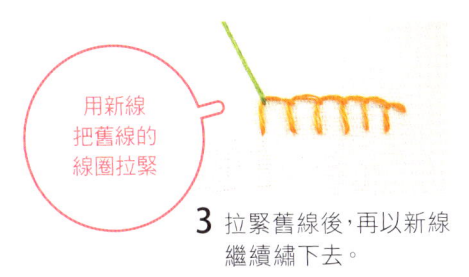

用新線把舊線的線圈拉緊

3 拉緊舊線後，再以新線繼續繡下去。

4 收針時確實拉出直角，便能繡得很漂亮。

5 背面的線頭可以用打結或是繞線法來收尾；將兩條線的線頭一起打結也 OK。

═══ 釦眼繡的針法變化 ═══

封閉式釦眼繡

封閉式釦眼繡等於是緊密無間距的開放式釦眼繡。常用於釦眼或布邊，以防止布邊綻線。

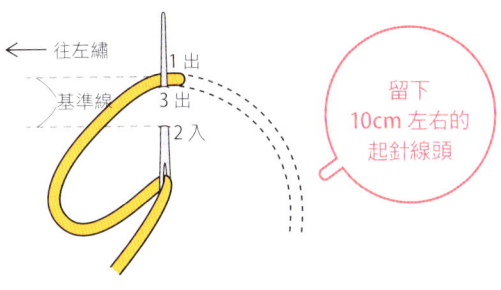

← 往左繡
基準線
1 出
3 出
2 入

留下 10cm 左右的起針線頭

1 橫跨 1 和 2 之間的線要壓在從 3 穿出的針的下方。

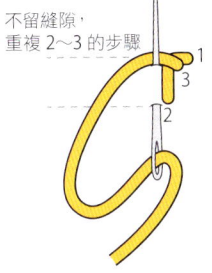

不留縫隙，重複 2〜3 的步驟

2 從第二針開始以看不到底布空隙的方式緊密刺繡。

背面・線頭收尾

★ 起針　★ 收針

把線頭穿過背面的 3〜4 個針目裡，稍微拉緊後剪掉多餘的線。起針的線頭也以同樣方式收尾。

完成

59

Fly stitch
飛鳥繡

造型呈 Y 字形，很像小蟲子飛舞的樣子。最後的固定針目可以改變長度，也能連續繡下去，應用範圍廣泛是飛鳥繡的特徵。

起針‧背面

把線頭打結，從布的背面入針。

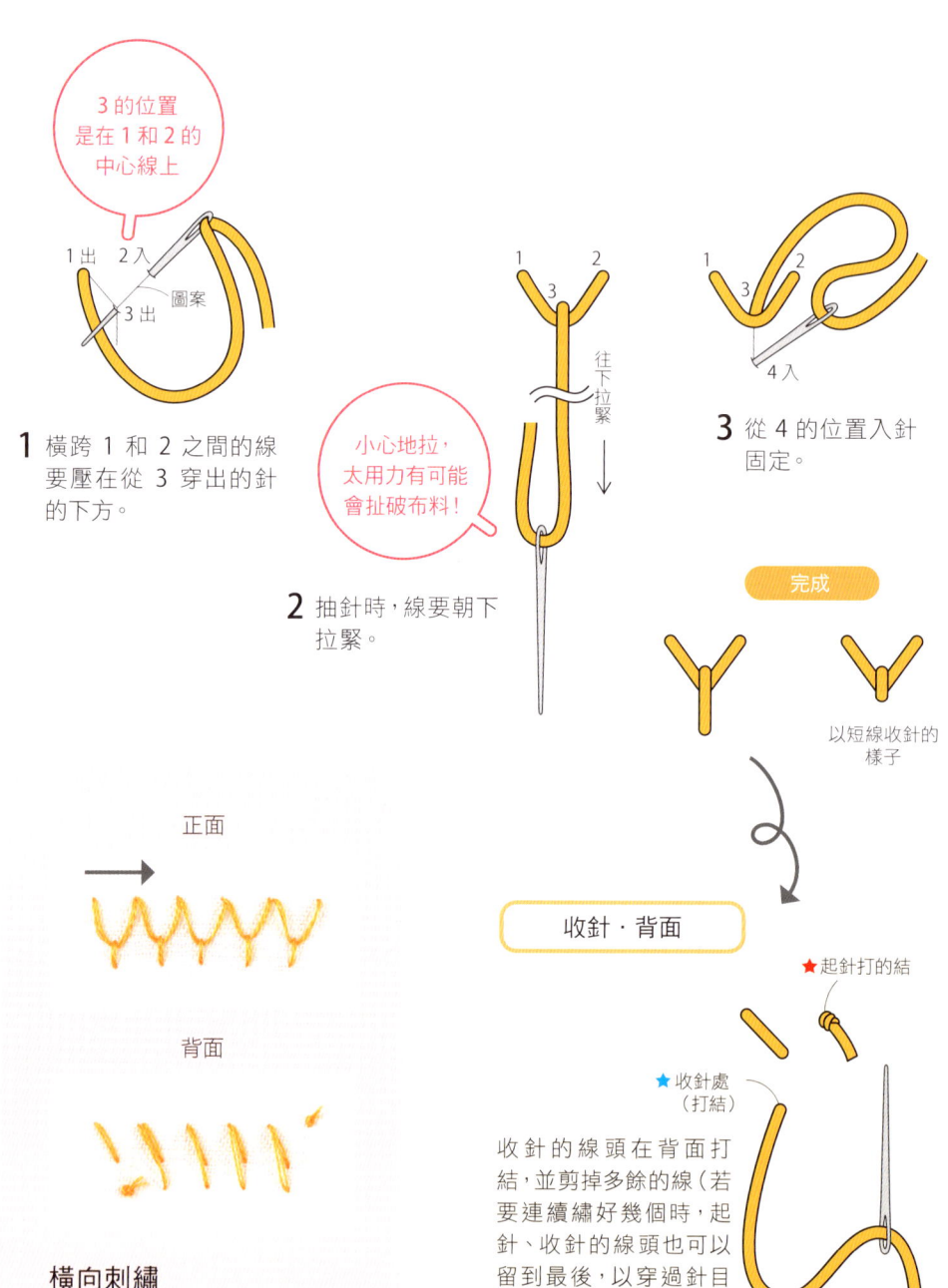

起針打結

> 3 的位置是在 1 和 2 的中心線上

1出　2入
圖案
3出

1 橫跨 1 和 2 之間的線要壓在從 3 穿出的針的下方。

> 小心地拉，太用力有可能會扯破布料！

往下拉緊

2 抽針時，線要朝下拉緊。

4入

3 從 4 的位置入針固定。

完成

以短線收針的樣子

收針‧背面

★ 起針打的結
☆ 收針處（打結）

收針的線頭在背面打結，並剪掉多餘的線（若要連續繡好幾個時，起針、收針的線頭也可以留到最後，以穿過針目的方式來收尾）。

正面　　背面

縱向刺繡

連續縱向刺繡，看起來像極了植物。越往下繡越大，看起來會更有效果。

正面

背面

橫向刺繡

連續橫向刺繡，就像 Y 字並排站立。改變線的長短會讓圖案產生變化，拉開間距也有不同的效果。

60

Feather stitch
羽毛繡

將飛鳥繡以左右交替方式連續繡出，就形成了羽毛繡。
還不熟悉的人可以畫出三等分的格狀基準線，
會比較容易抓住位置。

起針・背面

把線頭打結，從布的背面入針。

起針打結

> 3 的位置是在 1 和 2 的中心線上

1 橫跨 1 和 2 之間的線要壓在從 3 穿出的針的下方。

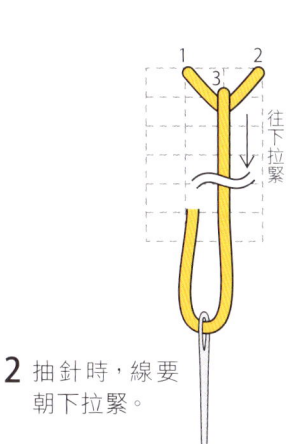

2 抽針時，線要朝下拉緊。

> 4 是 3 往左邊延伸的位置

3 橫跨 3 和 4 之間的線要壓在從 5 穿出的針的下方。

重複 2〜5 的步驟

改變針目間距便能呈現不同的效果

針目的間距越寬，V 字的部分也越深；間距越窄，V 字的部分則越淺。

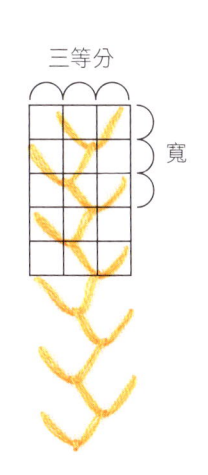

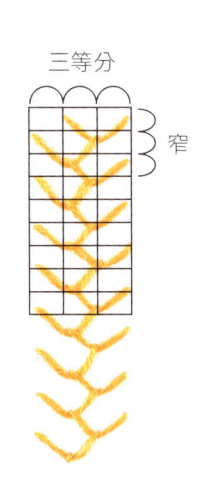

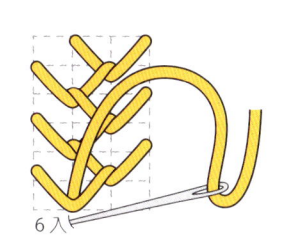

三等分　寬
三等分　窄

完成

4 最後從 V 字的線圈下方入針固定。

收針・背面

收針時把線頭在背面打結，並剪掉多餘的線（起針、收針的線頭也可以留到最後，以穿過針目的方式來收尾）。

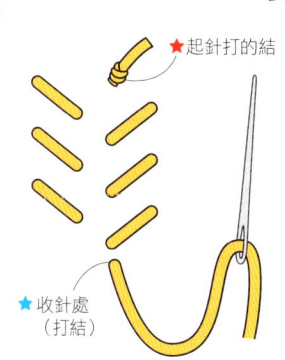

★ 起針打的結
☆ 收針處（打結）

61

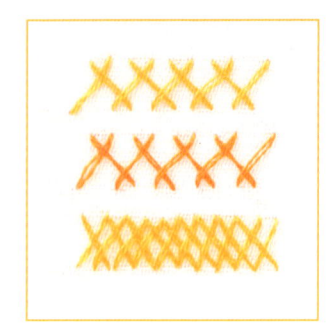

Herringbone stitch
人字繡

人字繡的英文名稱 herringbone 有「鯡魚骨」的意思。
它是以相同間距、上下交錯的方式往前繡。
建議先畫出等間距的平行基準線，繡出來的模樣會比較整齊。

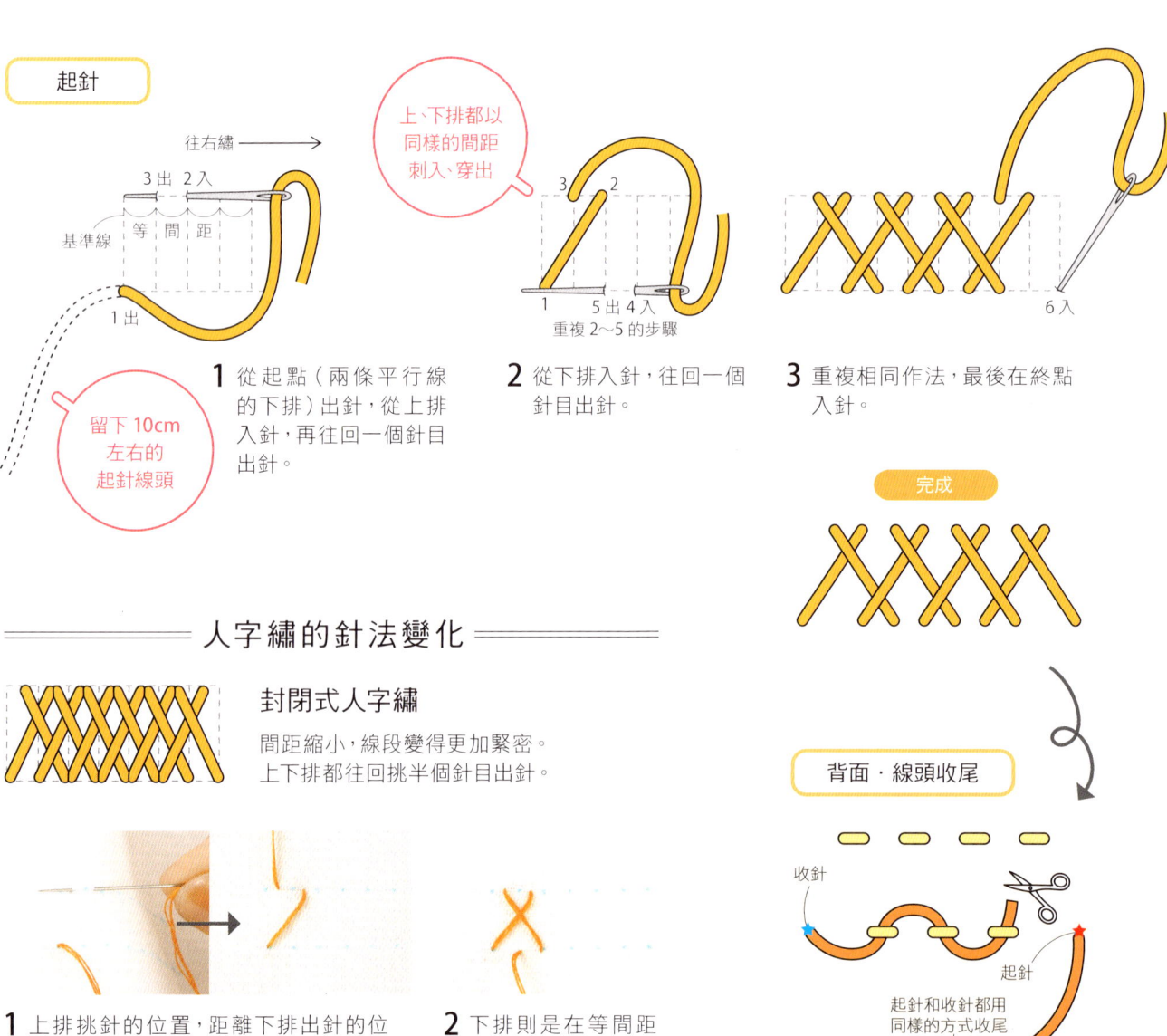

起針

往右繡 →
3出 2入
基準線　等間距
1出

留下10cm左右的起針線頭

1 從起點（兩條平行線的下排）出針，從上排入針，再往回一個針目出針。

上、下排都以同樣的間距刺入、穿出

3　2
1　5出 4入
重複 2～5 的步驟

2 從下排入針，往回一個針目出針。

6入

3 重複相同作法，最後在終點入針。

完成

背面・線頭收尾

收針　　起針
起針和收針都用同樣的方式收尾

把線頭穿過背面的 3～4 個針目裡，稍微拉緊後剪掉多餘的線。起針的線頭也以同樣的方式收尾。

人字繡的針法變化

封閉式人字繡

間距縮小，線段變得更加緊密。
上下排都往回挑半個針目出針。

1 上排挑針的位置，距離下排出針的位置半個針目，亦即在等間距記號的中間挑針。

2 下排則是在等間距記號的位置出針。

完成

正面　　背面

62

人字繡的針法變化

雙重人字繡

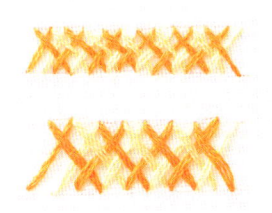

重疊繡兩次人字繡，重點在於第二次人字繡要穿過第一次人字繡的針目。

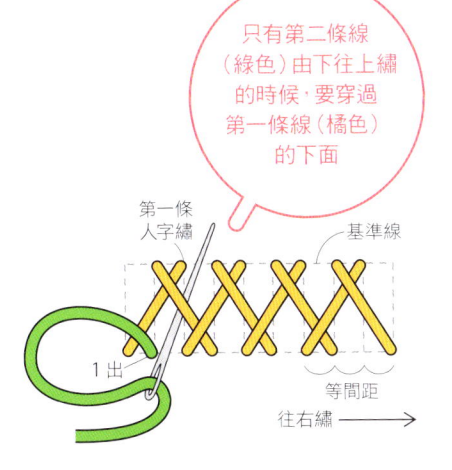

> 只有第二條線（綠色）由下往上繡的時候，要穿過第一條線（橘色）的下面

1 先繡好第一條人字繡，再用穿過別條線的針從布的背面入針。

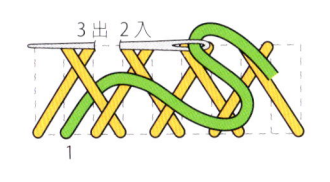

2 在第一條人字繡的同個位置出針和入針。

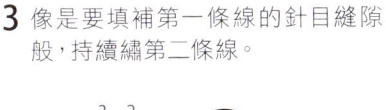

3 像是要填補第一條線的針目縫隙般，持續繡第二條線。

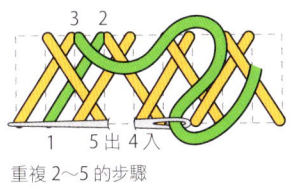

重複 2～5 的步驟

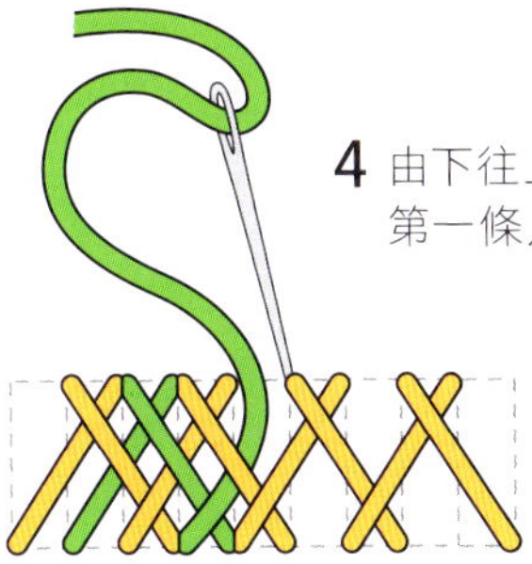

> 由下往上的綠線要穿過橘線；由上往下的綠線則直接壓在橘線上

4 由下往上繡的時候，要穿過第一條人字繡的針目下面。

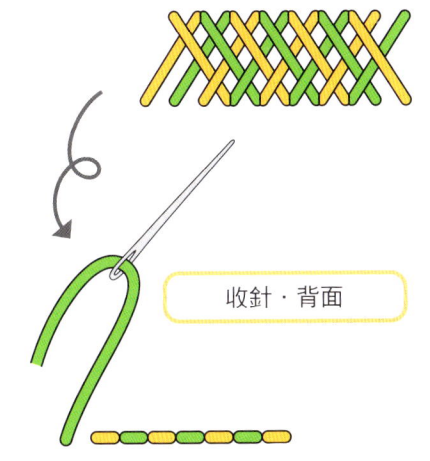

完成

收針・背面

背面・線頭收尾

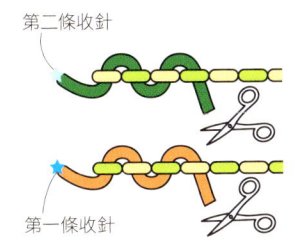

第二條收針
第一條收針

收針時把線頭穿過背面的 3～4 個針目裡，稍微拉緊後剪掉多餘的線。起針的線頭也以同樣方式收尾。

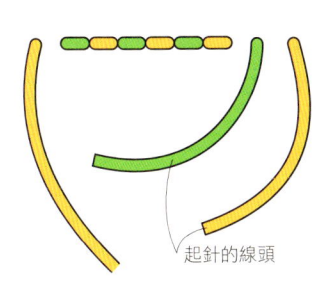

起針的線頭

63

適合任何空間的花草刺繡

繡出纖細的枝葉和漸層的花瓣顏色,是刺繡獨有的樂趣。
其圖案細膩且應用針法多元,待熟悉刺繡後就來挑戰看看吧!

外框/Olympus 拼布框 PF3(白木・內徑約 19×19cm)

近藤実可子

小花和葉片的刺繡,宛如植物圖鑑般
充滿魅力,讓人想要一個個看仔細。
實體大圖案請參考 P.66〜67

繡框╱DMC MK0028（直徑 25cm）

渡部友子（a Littie Bird） 將玫瑰、大花三色堇、秋牡丹和雛菊等十四種刺繡圖案，組合成一個花環。雖然難度高，但會是個總有一天想要完成的目標作品。
實體大圖案請參考 P.68〜69

花朵與葉片

活用刺繡細膩的特性,描繪出各式各樣的葉片與花朵。

近藤実可子

使用針法…輪廓繡／回針繡／釘線繡／雛菊繡／鎖鏈繡（鎖鏈填色繡）／直針繡／長短針繡／緞面繡／
法國結粒繡（法國結粒填色繡）／捲線繡／開放式釦眼繡／飛鳥繡／羽毛繡／人字繡

緞面繡②2652
法國結粒填色繡④306
長短針繡②892
892
雛菊繡773
鎖鏈繡②826
緞面繡②2924
直針繡④463
2535
用雛菊繡填色110
直針繡②318
緞面繡②318②319
318
826
長短針繡826
緞面繡①893
人字繡②734·734
法國結粒繡④715
法國結粒填色繡④981A
715
緞面繡715
回針繡②715
直針繡②715
法國結粒繡④578
直針繡②826
緞面繡②923
羽毛繡②2535
直針繡②2535
緞面繡④981A
②715
雛菊繡578·855
雛菊繡②578·②855
法國結粒繡④110
直針繡②923
開放式釦眼繡②319
緞面繡319
法國結粒繡②2172
雛菊繡⑥555
法國結粒繡892
直針繡①715
鎖鏈繡②715
②121
②121
緞面繡110
捲線繡②893
直針繡②771
537
緞面繡537·2535
②923
法國結粒填色繡②476
雛菊繡234
釘線繡②463
②476
直針繡＋飛鳥繡476
476
直針繡＋飛鳥繡②476
鎖鏈填色繡②734·②2924（兩色交互從外側往中心繡）
直針繡②892②306
578
鎖鏈填色繡②2924（從外側往中心繡）
法國結粒繡④981A
開放式釦眼繡②855
②893
捲線繡④893

使用COSMO 25號繡線，○內的數字為線的股數，除指定外皆取3股。圖案上的數字為繡線色號。
針法除指定外皆用輪廓繡；法國結粒繡皆為繞1圈；釘線繡用同色芯線2股＋釘線2股。
底布：COSMO 平織麻布·米色（col.21）
※左上與右上的花朵圖案繡法見P.72說明

67

花 環

各種姿態、顏色的花朵，以綠色莖葉相連，形成一個美麗的花環。

渡部友子（a Littie Bird）

使用針法…長短針繡／輪廓繡／回針繡／釘線繡／雛菊繡／鎖鏈填色繡／直針繡／緞面繡／
法國結粒繡（法國結粒填色繡）／捲線繡／封閉式釦眼繡／飛鳥繡／羽毛繡／封閉式人字繡

使用 Olympus 25 號繡線，
○內的數字為線的股數，除指定外皆取 2 股。圖案上的數字為繡線色號。
針法除指定外皆用長短針繡；法國結粒繡皆為繞 2 圈；
釘線繡用同色芯線 2 股＋釘線 1 股。　底布：COSMO 平織麻布・白色（col.11）

69

花草圖案的刺繡教學

組合好幾種針法繡出圖案，是法式刺繡的特徵。在此以實際刺繡流程，說明繡花朵與葉片圖案時，使用針法的順序，以及刺繡時的重點。

使用 DMC 25 號繡線，○內的數字為線的股數，除指定外皆取 4 股。

實體大圖案

雛菊繡 3608
法國結粒繡 繞 2 圈 445
輪廓繡 ②913
緞面繡 ②910
直針繡 932

（實際大小）

1 在圖案上疊上描圖紙（透明紙），沿著線條準確複寫下圖案。

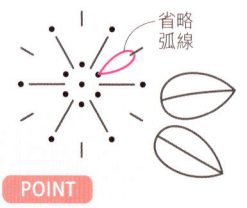

POINT 盡量不要在布上留下過多的記號，刺繡成品才會漂亮，所以不畫多餘的線也OK。這個圖案就省略了雛菊繡的弧線。

2 把 1 複寫下來的圖案放在布上，用紙膠帶或大頭針固定邊緣。中間夾進複寫紙（單面，有顏色那面朝下），最上面疊上 OPP 透明紙。

3 最上面鋪的 OPP 透明紙是為了防止圖案在描繪時被劃破。用鐵筆仔細描繪圖案輪廓，轉印在布上。

4 圖案轉印在布上後，檢查是否有漏畫線條，再把布固定在繡框上（→P.6）。

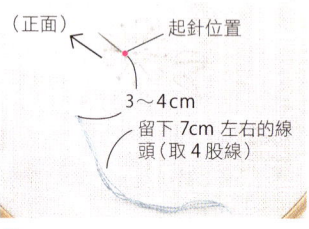

5 首先繡直針繡（→P.40）。從起針不遠處入針，再從起針位置出針。把線頭留在布的正面。

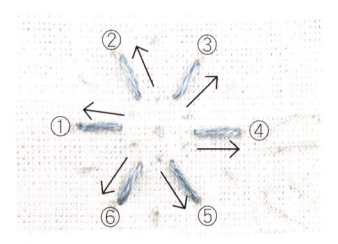

6 按照①〜⑥的順序繡直針繡，連續從中心往外側的方向繡。收針時線頭在背面收尾。

7 在背面把線頭穿過針目。把線在同一個針目上，往同個方向纏繞 3〜4 次，再剪掉多餘的線。

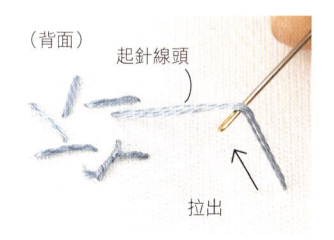

8 把 5 留在正面的起針線頭從背面拉出，穿針後用和 7 同樣的方式收尾。

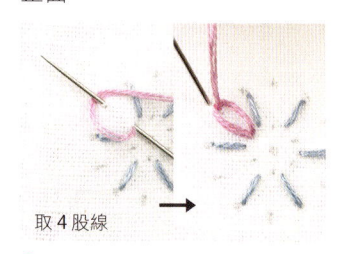

9 換線後，開始繡雛菊繡（→P.36）。以和 5 同樣的方式起針。

10 連續繡出雛菊繡，完成 6 片花瓣（這裡按照①〜⑥的順序繡）。

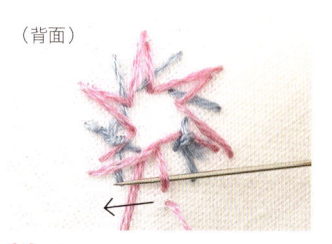

11 起針、收針的線頭，同樣按照 7、8 的方式收尾。

12 換線後，開始繡法國結粒繡（→P.43，繞 2 圈）。以和 5 同樣的方式起針，先繡中間。

② ③
① ④
⑥ ⑤

13 接著在直針繡的前端也各自繡上法國結粒繡。

（背面）

14 起針、收針的線頭，同樣按照 7、8 的方式收尾。

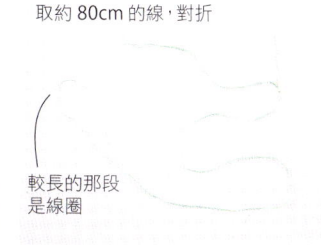

取約 80cm 的線，對折

較長的那段是線圈

15 用輪廓繡來繡葉子。取 2 股線時可嘗試用「套環起針」（→P.86，僅限取雙數線時），如同照片的方式來穿針。

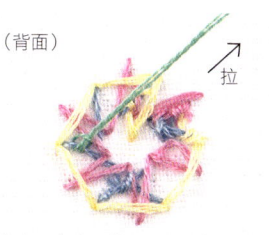

（背面）

拉

拉太用力會影響到正面的刺繡圖案

16 在起針處附近繡一針，再把針穿過背面的線圈並把線拉緊（套環起針→P.86），如此便能將線頭固定住。

17 從弧線的部分往葉尖繡輪廓繡（→P.24）。刺繡時配合圖案的走向，隨時調整布的方向。

18 繡出周圍輪廓後，接著繡中間的線條。收針時，用和 7 同樣的方式在背面收尾。

取 2 股線

在圖案輪廓線上出針

19 換線後，開始用緞面繡繡葉面（→P.42）。起初先在圖案的內側挑 2、3 針，再從起針的位置出針。

20 從中心線分兩半刺繡，先繡下半部。由外側往中心的方向入針，並從圖案邊緣配合葉片的角度平行刺繡。

21 此時在 19 從圖案內側起針的線頭，已經被重疊的針目覆蓋掉。

22 整體繡完後，若覺得還有空隙，可以用重疊針目的方式蓋過即可。

（背面）

23 接著繡葉片上半部。先用線穿過背面的針目，回到起針的位置（葉片根部）。

24 上半部也一樣從外側往中心的方向入針，按照 20～22 的方法刺繡。

（背面）

25 收針時將線頭穿過背面的針目，並把多餘的線剪掉。

完成

在用熨斗整燙前，先參考 P.11，把留在布上的記號清除。

線在刺繡途中纏繞在一起怎麼辦？

若繡線纏繞在一起，就無法繡出漂亮的針目。所以在刺繡時若發現線纏在一起，可以先把布抬高，讓已穿好線的針朝下垂放，穿線針會自動轉回正確位置，便能消除線纏繞的問題。

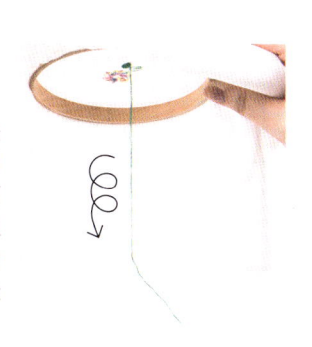

71

各類型圖案的刺繡順序

你是否有看著圖案卻不知道該從哪裡下手，該以什麼順序開始繡的煩惱呢？基本上，只要從自己覺得好繡的部位開始就沒問題了。另一方面，若考量到針法種類和線頭收尾，利用一些小訣竅可以變得更有效率。下面以書中幾幅圖案為例，介紹刺繡的順序。當然，不想按照示範的順序進行也沒問題。不同圖案也有各自的重點，在開始刺繡之前，請先來參考這裡的繡法吧。

※此頁的圖案尺寸都比實體還大。繡線的色號、股數等詳細資訊請參考各作品的頁面說明。

P.14 的作品
（實體大圖案參考 P.15）

POINT
法國結粒繡最後再繡。

①花瓣外側／輪廓繡
②花瓣內側／回針繡

③花芯／回針繡
朝著中心的方向繡。已經完成的刺繡線頭在背面收尾。

④法國結粒繡
法國結粒繡的形狀很容易走樣，所以要留到最後繡。可以繡在已經繡好的面上。

①甜甜圈形／輪廓填色繡
（參考 P.39 的鎖鏈填色繡）
從外往內，一圈一圈填色。

②甜甜圈形外側／輪廓繡

③果實／輪廓填色繡
和①同方法。

④果實前端／直針繡
像是要做出三角形般，繡兩條尖點。

⑤葉片／輪廓繡
從葉片根部往前端的方向繡。

⑥莖／輪廓繡
從花朵的部分往根部繡。已經完成的刺繡線頭在背面收尾。

P.66 的作品
（實體大圖案參考 P.67）

POINT
莖最後再繡，花朵和葉片都要往根部的方向繡。

①花瓣／緞面繡
每一條線都與中心線並排，從外側往中心的方向繡。

②花芯／法國結粒填色繡
沿著圓形排列，把中心填滿。

④莖／輪廓繡
往根部的方向繡。已經完成的刺繡線頭在背面收尾。

③葉片／長短針繡
從葉尖往根部的方向繡。

①花瓣外側／釘線繡
先繡出 9 片花瓣的芯線，可同時將 2 片花瓣的芯線用同一條釘線固定。

②花瓣內側／雛菊繡
在①的花瓣內側，一片一片繡上去。

③花芯／法國結粒填色繡
沿著圓形排列，把中心填滿。

葉片 ④直針繡
　　＋
　　⑤飛鳥繡
　　＋
　　⑥輪廓繡

⑦中間的莖／輪廓繡
往根部的方向繡。在花朵圖案的背面將線頭收尾。

P.54 的作品
（實體大圖案參考 P.55）

POINT
長短針繡以放射狀的方式繡在圖案的最上面。

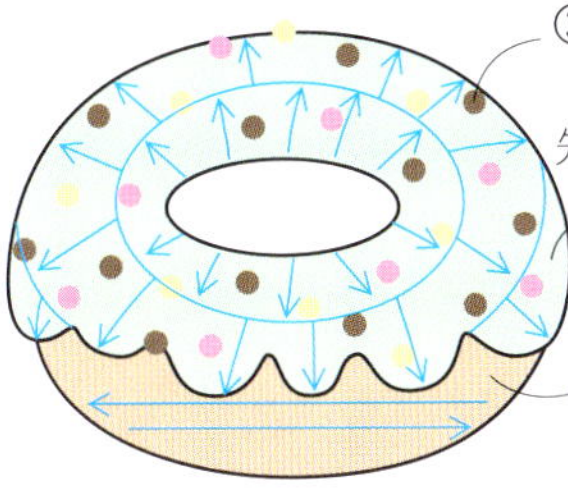

③最上面繡法國結粒繡
（3色隨意繡）
先繡完一個顏色再繡其他顏色。

②奶油／長短針繡
從中心往外側呈放射狀，一段一段慢慢繡。

①甜甜圈本體／輪廓填色繡
（參考 P.39 的鎖鏈填色繡）
和布目並行，持續來回往返繡。

⑦莖／釘線繡
從中心往前端的方向繡。

⑥蒂頭／雛菊繡
從中心往起針處出針。

⑧草莓籽／最上面繡法國結粒繡
全部繡完再剪線。

⑤草莓／長短針繡
和布目並行刺繡。

④奶油／長短針繡
分成上下段，以放射狀的方式繡。

①蛋糕體／輪廓填色繡
（參考 P.39 的鎖鏈填色繡）
持續來回往返繡。

③兩色的分界線／鎖鏈繡

②粉紅色夾餡／輪廓填色繡
和①同方法。

⑨英文字母／釘線繡
照著字母的書寫順序繡。

P.28、P.30 的作品
（實體大圖案參考 P.31）

POINT
若是相同色線，即使是不同針法，也可以持續繡下去。

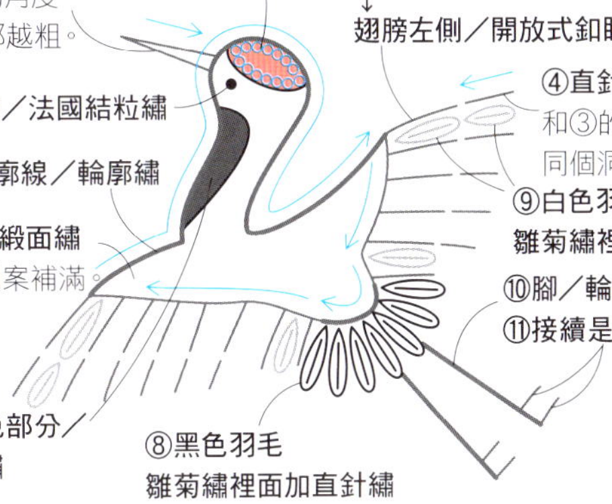

⑤頭／法國結粒填色繡
沿著外圈並排，填滿內側。

②喙／輪廓繡
改變針目的角度，越靠近根部越粗。

⑦眼睛／法國結粒繡

①鳥輪廓線／輪廓繡

⑫白色部分／緞面繡
避開眼睛把圖案補滿。

⑥黑色部分／緞面繡

⑧黑色羽毛
雛菊繡裡面加直針繡

③翅膀右側／開放式鈕眼繡
↓
接續尾巴的部分／輪廓繡
隨時調整布的方向。

翅膀左側／開放式鈕眼繡

④直針繡
和③的針目從同個洞入針。

⑨白色羽毛
雛菊繡裡面加直針繡

⑩腳／輪廓繡

⑪接續是直針繡

P.50 的作品
（實體大圖案參考 P.51）

POINT
順著動物的毛流來刺繡。

⑧花紋／在上層繡直針繡
抓好平衡隨意繡。

③白色以外的部分／鎖鏈填色繡
毛流呈放射狀，與旁邊的針目並排，持續來回往返繡。細小的空隙可用緞面繡或直針繡來填滿。

④白色部分／鎖鏈填色繡
以鼻子為中心呈放射狀，和③同方法。

①貓咪輪廓線／鎖鏈繡 1 股線
黑眼珠的輪廓線可以先繡好，細微部分也可以用回針繡或直針繡。

⑦耳內、鼻子
緞面繡

②黑眼珠／鎖鏈填色繡
從外側往內側，一邊調整成圓形的模樣一邊把眼珠填滿。

⑨眼珠反光部分
在上層繡直針繡

⑩鬍鬚
在上層繡直針繡

⑥眼白
緞面繡

⑪小貓的尾巴
鎖鏈繡
直針繡

⑤小貓／鎖鏈填色繡
和③同方法。

73

十字繡

十字繡不需要事先在布上描繪圖案,而是一邊數著格子狀布目一邊刺繡。
縱使圖案看起來複雜,只要耐心地繡下去,也會變成很精緻的作品。
第一次接觸的新手就先從小圖案開始挑戰吧!

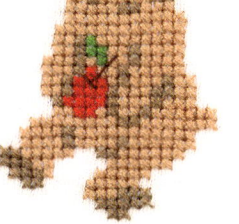

石井敏江

在袖珍模型的繡框裡嵌入了看起來很美味的圖案。背面可以加裝胸針底托,或是穿上繩子做成吊飾。
圖案請參考 P.78〜79

平泉千絵(happy-go-lucky)

只要利用「可拆式轉繡網布」,也能在十字繡專用布以外的布料上刺繡。在孩子的 T-shirt 上繡可愛的熊熊,一定會變成孩子最愛的衣服。
可拆式轉繡網布的使用方法請參考 P.107
圖案請參考 P.128

孩子們也喜歡的十字繡

馬渡智惠美（KAEDE）　「女兒節」和「端午節」都是很受歡迎的十字繡主題。
可以製作成裝飾畫，當作贈禮，或做成卡片也不錯。
圖案請參考 P.82～83

生動的可愛動物

動物的眼睛和鼻子取 3 股線來繡,馬上變得立體鮮明。

平泉千絵(happy-go-lucky)

除指定外皆用十字繡

| 147 | 240 | 273 | 300 | 302 | 364 | 472 | 474 | 562 | 572 | 603 | 603（取3股） | 833 | 2120 | 2212 | 2307 | 2311 |

使用COSMO 25號繡線，○內的數字為線的股數，除指定外皆取2股。　粗體線部分用霍爾拜因繡或回針繡。
底布：COSMO Java Cross 55（14CT・55目／10cm）白色（col.11）

各式各樣的小圖案

這裡收錄了許多能夠單獨使用的迷你圖案，就用它們來練習吧！

石井敏江

除指定外皆用十字繡

□ 105　□ 126A　□ 128　□ 165A　□ 297　■ 312　□ 335　□ 337　□ 426　□ 701　□ 731　□ 857　□ 1000

使用 COSMO 25 號繡線，全部取 2 股。

底布：COSMO Java Cross 55（14CT・55 目／10cm）白色（col.11）

神祕萬聖夜

用十字繡來呈現以滿月為背景，飛在天空的魔女剪影。

堀內さゆり（Sayuri Horiuchi）（Biene）

□ 522　■ 556　■ 754　■ 900　■ 2013　囲 3040

使用 Olympus 25 號繡線，○內的數字為線的股數，除指定外皆取 2 股。　粗體線部分用霍爾拜因繡或回針繡。
底布：Olympus Aida 14CT（55 目／10cm）白色（col.1006）

歡樂聖誕節

像舞台的外框設計，炒熱了聖誕節的氣氛。

堀內さゆり（Sayuri Horiuchi）（Biene）

除指定外皆用十字繡

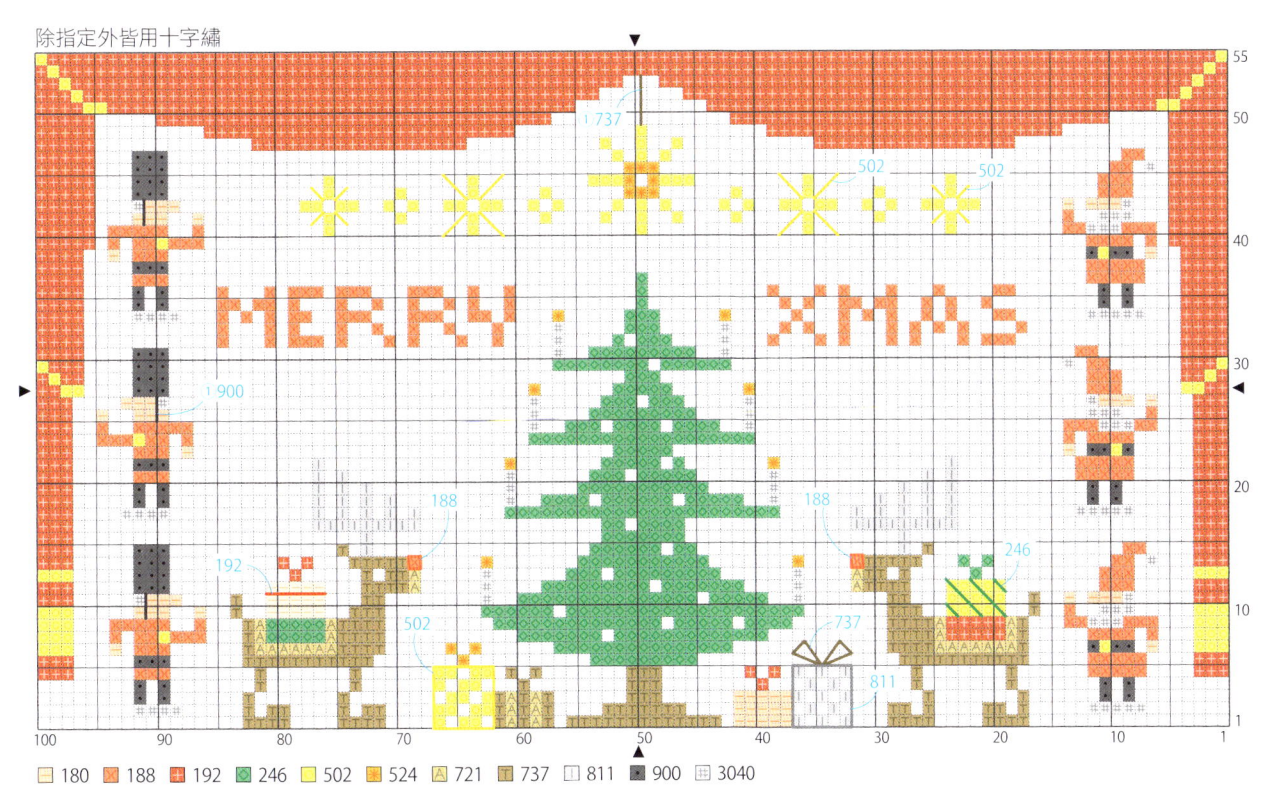

□ 180　■ 188　✚ 192　■ 246　■ 502　■ 524　▲ 721　■ 737　□ 811　■ 900　⊞ 3040

使用 Olympus 25 號繡線，○內的數字為線的股數，除指定外皆取 2 股。　粗體線部分用霍爾拜因繡或回針繡。
底布：Olympus Aida 14CT（55目／10cm）白色（col.1006）

充滿春天氣息的女兒節

可愛雅緻的天皇和皇后，想必會成為令人愛不釋手的贈禮。

馬渡智惠美（KAEDE）

除指定外皆用十字繡

■ 190　■ 212　■ 245　■ 416　□ 520　■ 523　■ 561　■ 604　■ 645　■ 714　■ 1021　■ 1042　■ 1119　■ 2215

使用 Olympus 25 號繡線，○內的數字為線的股數，除指定外皆取 2 股。　粗體線部分用霍爾拜因繡或回針繡。

底布：Olympus Aida 14CT（55 目／10cm）白色（col.1006）

祈求孩童成長的端午節

雄偉的頭盔、鯉魚旗與菖蒲，用十字繡來慶祝佳節愉快吧！

馬渡智惠美（KAEDE）

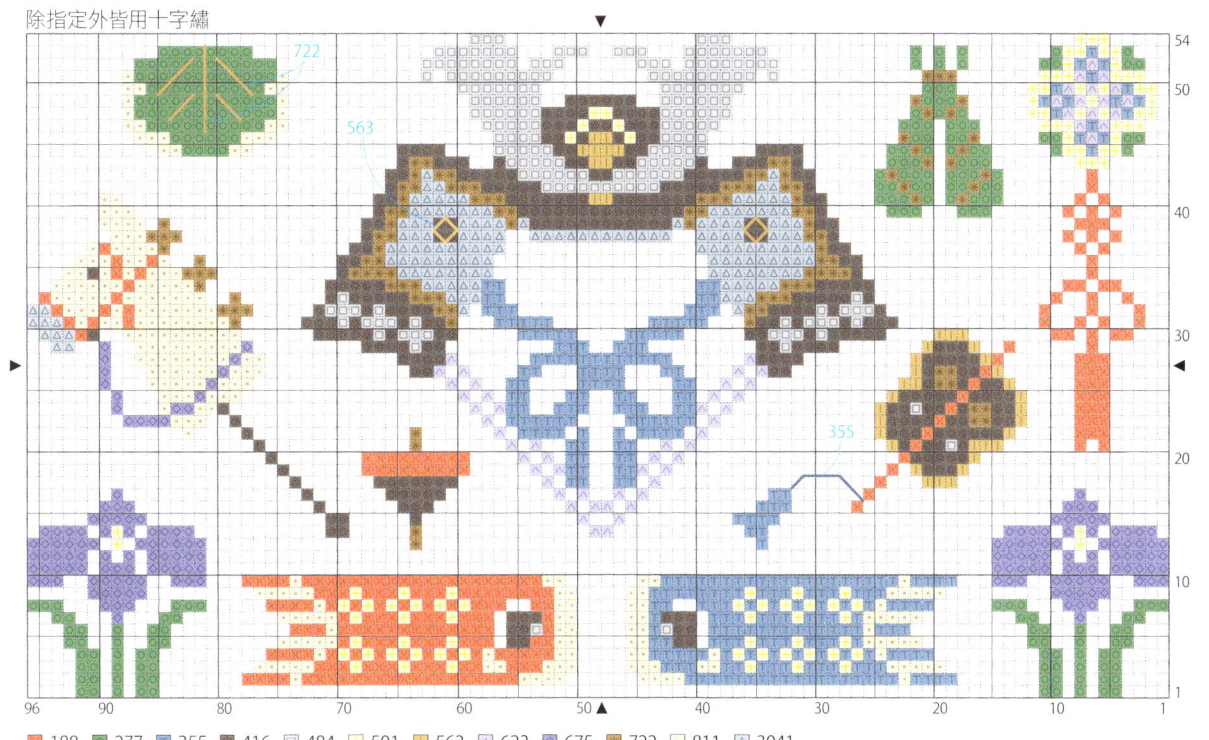

■ 188　■ 277　■ 355　■ 416　□ 484　■ 501　■ 563　■ 623　■ 675　■ 722　■ 811　■ 3041

使用 Olympus 25 號繡線，全部取 2 股。　粗體線部分用霍爾拜因繡或回針繡。
底布：Olympus Aida 14CT（55 目／10cm）白色（col.1006）

十字繡的布料

（布的照片為實際大小）　　A=DMC　B=Olympus　C=COSMO

Aida 和 Java Cross 的格狀布料，以縱、橫等間距編織而成，格子的四個角像是有四個洞，由於入針的位置明顯，是最適合初學者使用的布料。Congress 和刺繡用亞麻布皆為平織布。對於織目較細密的布料，一般都是以織線 2×2 條為 1 目來刺繡（參考 P.85 的說明），是個熟練十字繡後會想挑戰看看的素材。

Aida 14CT（B）
55×55 目／10cm

Aida 18CT（A）
70×70 目／10cm

Java Cross 55（C）
14CT
55×55 目／10cm

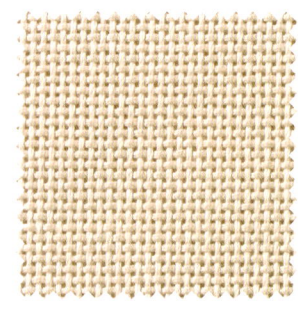

Congress（B）
18CT
70×70 目／10cm

亞麻布 25CT
10cm 裡有 100×100 條織線
★以 2×2 條為 1 目，
10cm 裡有 50×50 目

亞麻布 28CT（A）
10cm 裡有 110×110 條織線
★以 2×2 條為 1 目，
10cm 裡有 55×55 目

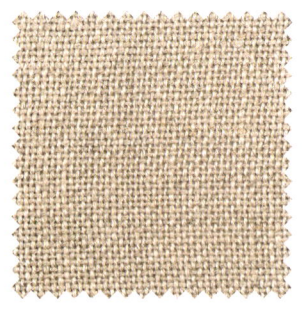

亞麻布 32CT（A）
10cm 裡有 120×120 條織線
★以 2×2 條為 1 目，
10cm 裡有 60×60 目

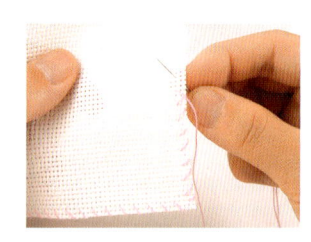

刺繡前的準備

確認好整體尺寸（圖案整體的目數＋周圍留白的部分，留多一點會比較保險）再剪布。織目較粗的布可在四周縫上疏縫線等滾邊縫（預防綻線）。

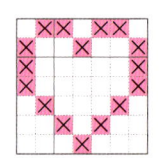

相同圖案繡在不同布目的布料上，圖案大小也會隨之改變

織目越疏，繡好的成品會越大。（照片為實際大小）

14CT
（取 2 股線）

18CT
（取 2 股線）

十字繡布目的大小以「Count」表示

Count（簡稱：CT）是布料織目的大小單位，代表 1 英吋（約 2.54cm）內的織目（織線）數量。14CT 即是約 2.54cm 內有 14 目。其他也會以「○目／10cm」（＝10cm 裡有○目）來表示（越小的布目則以 1cm 為單位）。而無論是哪一種表示方式，只要數字越大，織目就越細，繡出來的成品就會越精密。

BASICS

本書的十字繡圖案標示說明

十字繡不需要在布上描繪圖案，只要數著圖案的格目和布的織目（即格數和織線）就能進行。頁面所有的圖案，從右下角開始，每5格就有一條粗線作為基準線。

除指定外皆用十字繡

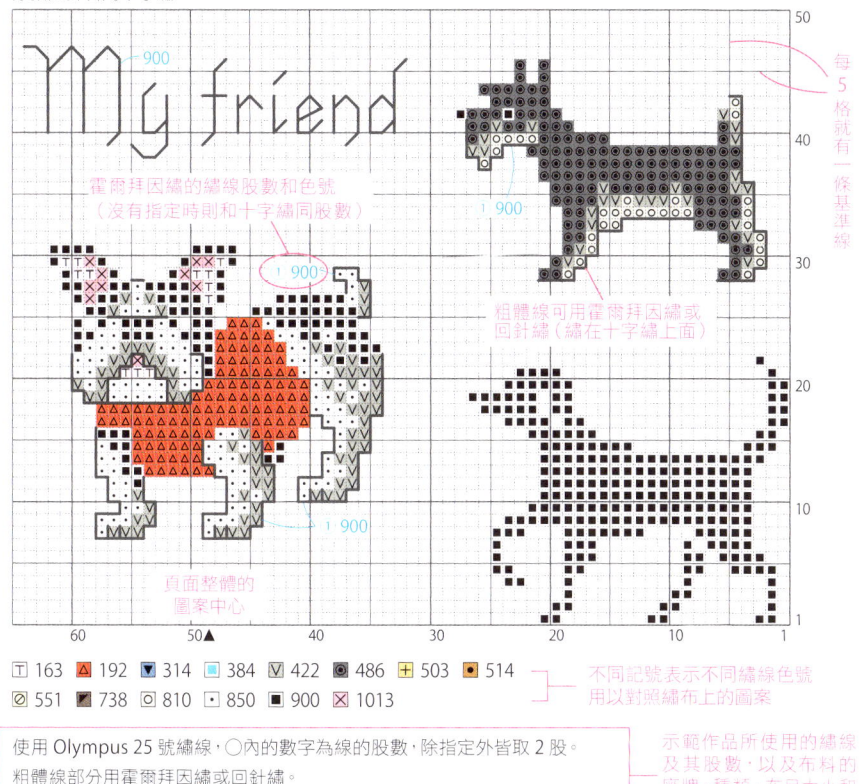

記號	色號	記號	色號	記號	色號	記號	色號
T	163	▲	192	▼	314	V	384
V	422	●	486	+	503	●	514
⊘	551	■	738	·	810	■	850
■	900	X	1013				

不同記號表示不同繡線色號，用以對照繡布上的圖案

使用 Olympus 25 號繡線，○內的數字為線的股數，除指定外皆取 2 股。粗體線部分用霍爾拜因繡或回針繡。
底布：Olympus Aida 14CT（55 目／10cm）灰白色（col.1032）

示範作品所使用的繡線及其股數，以及布料的廠牌、種類、布目大小和顏色等資訊

入針的位置

Aida 和 Java Cross 等織目較粗的布料，可以用 1 個格數為 1 目來繡；但織目較細的布料，若以同樣格數來繡 1 目，圖案則會變得非常小，因此要以 2×2 條織線（2×2 目）為 1 目來繡。只要改變入針的位置，即使是相同的布，✕ 的大小也會隨之改變。

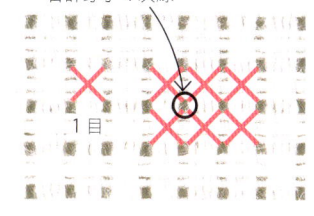

聚集 4 目的中心孔合計穿了 4 次線

Aida 和 JavaCross 等布料
1 格為 1 目的繡法

刺繡用亞麻布
2×2 條織線為 1 目的繡法
→圖案中會以「※2×2 條為 1 目」來標記

十字繡針

十字繡須使用針孔大，而且不會鉤壞布的織線或繡線，有圓鈍針尖的十字繡專用針。依照繡線的股數和粗細、布的厚薄和織目密度，來挑選適合的繡針號數，繡起來才會順手，成品也會比較漂亮。針越粗長，號數越小；針越細短，號數越大。若難以辨別時，取兩根針直接比對即可。

與繡線和布料相對應的十字繡針基準表

	粗／長 ←──── 針的粗細、長度 ────→ 細／短						
十字繡針（大概長度）	No.19 42.0mm	No.20 40.0mm	No.21 38.0mm	No.22 37.0mm	No.23 35.0mm	No.24 33.5mm
25 號繡線的股數	6 股以上	6 股	5～6 股	3～5 股	2～3 股	1～2 股
	厚／粗 ←──── 布的厚薄、織目密度 ────→ 薄／細						

針的號數以可樂牌（Clover）為基準。其他品牌的名稱和號數皆不同，請參考右側照片。

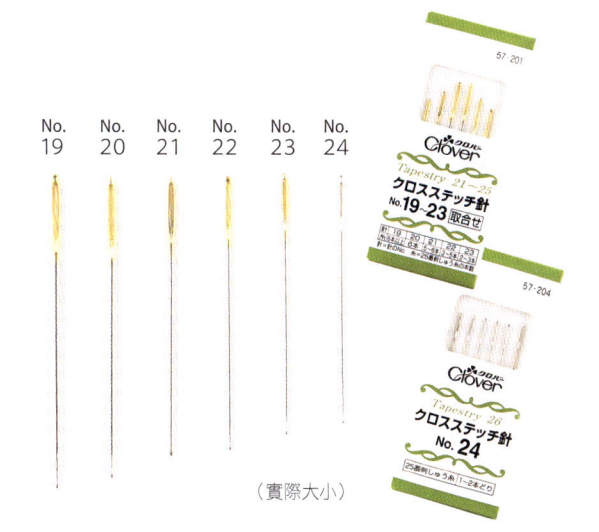

No. 19　No. 20　No. 21　No. 22　No. 23　No. 24

（實際大小）

起針與收針的線頭收尾

只要背面的線頭有好好收尾，正面的圖案就能整齊又漂亮。

起針

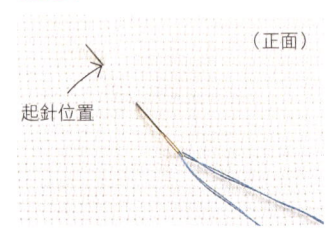

1 線頭不打結，從距離起針位置不遠處的正面入針，再從起針位置出針。

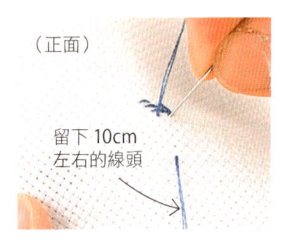

2 把線拉出來，在正面留下10cm左右的線頭後開始繡。最後再把線頭收尾。

線頭收尾

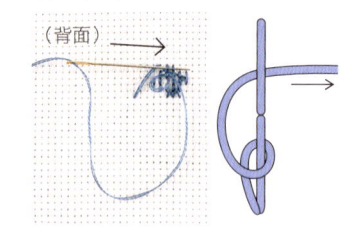

1 收針時也不打結，把線頭穿過背面的線（針目）裡來收尾。第一目如右圖般纏繞便不易脫落。

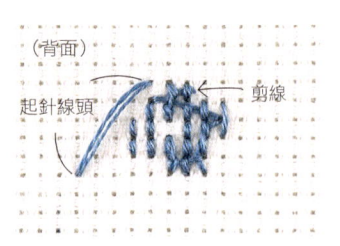

2 把線頭穿過背面約3個針目裡，稍微拉緊後剪掉多餘的線。拉太用力會影響到正面的刺繡圖案。

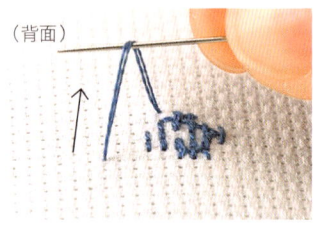

3 接著也把起針線頭收尾。將一開始留在正面的線頭從背面拉出，並穿針。

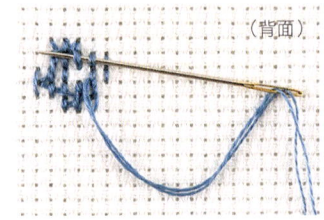

4 與1、2作法相同，將線頭穿過背面的針目，再剪掉多餘的線。

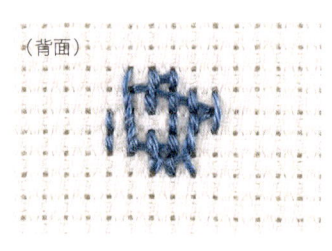

5 起針與收針線頭都完成收尾的樣子。如果背面的線呈縱向，就如右圖般繞線收尾。

> 從同一個方向繞線也OK

線頭不需要收尾的「套環起針」

※僅限於取2股或4股等偶數股線時才用的技巧

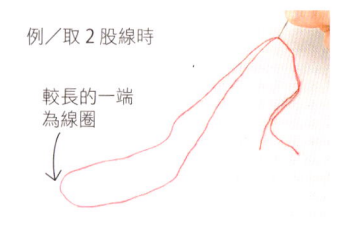

例／取2股線時

較長的一端為線圈

1 首先將繡線對折，從線圈處穿針。

2 從布的背面入針，穿過起針的第一目後從背面出針。把線圈先留在背面。

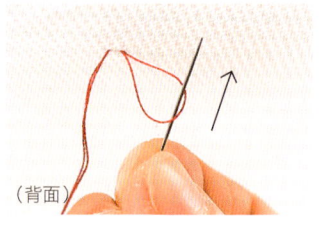

3 把針穿過線圈，拉線使線圈縮小。

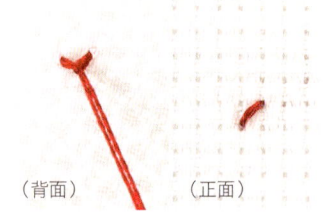

4 把線圈調整至針目的正中央，即固定住線頭。正面則是已繡好第一目「／」的狀態。

漂亮的十字繡和NG的十字繡

（照片為實際大小）

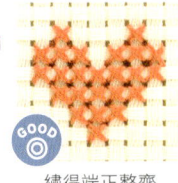

- GOOD 繡得端正整齊
- NG 針目重疊得亂七八糟
- NG 繡線拉得太用力

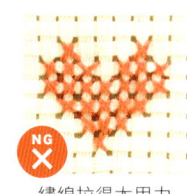

十字繡要繡得漂亮，重點在於／和＼的針目重疊方式（哪一邊要在上面）是否整齊，還有拉線的力道是否均等（不能拉得太用力）。特別要注意Java Cross這種柔軟的布料，線拉得太用力，織目就會變得歪七扭八。

BASICS

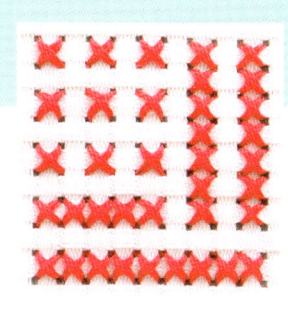

十字繡的針法

十字繡是在一格之中將／和＼的針目重疊形成「✖」的繡法。
其針法具有一些規律性，可以讓我們在連續刺繡後完成整齊漂亮的圖案。
過程中盡量讓背面的跨線減少，繡起來也會更有效率。
在此為了讓各位看清楚運針的順序，將以平面繡圖來說明。
實際在繡的時候，每次入針、出針，線都要拉好，才可往下一步前進。

／和＼的重疊方式

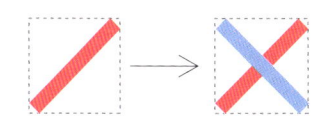

只要圖案整體的／和＼重疊順序一致，成品就會很好看。本書會如圖所示，以「／在下、＼在上」的重疊方式來說明（只要圖案整體的重疊方式一致，以＼→／的順序來繡也沒關係）。

為了讓說明圖更一目瞭然，／以紅色、＼以藍色來表示，但實際上，一目的「✖」都是以同一種顏色來繡。

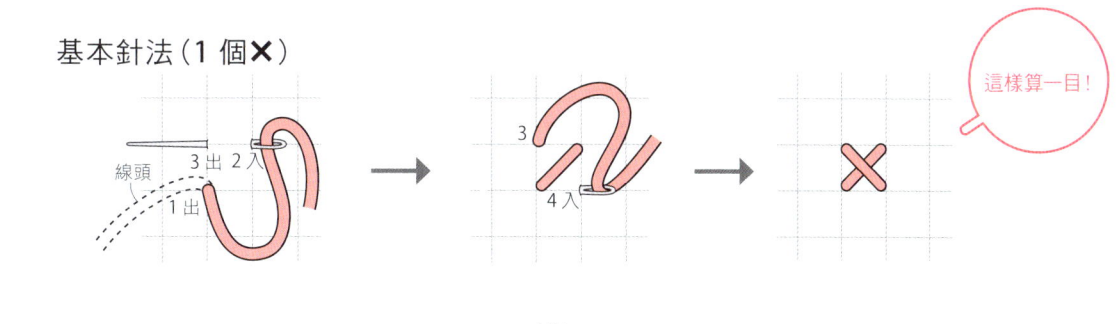

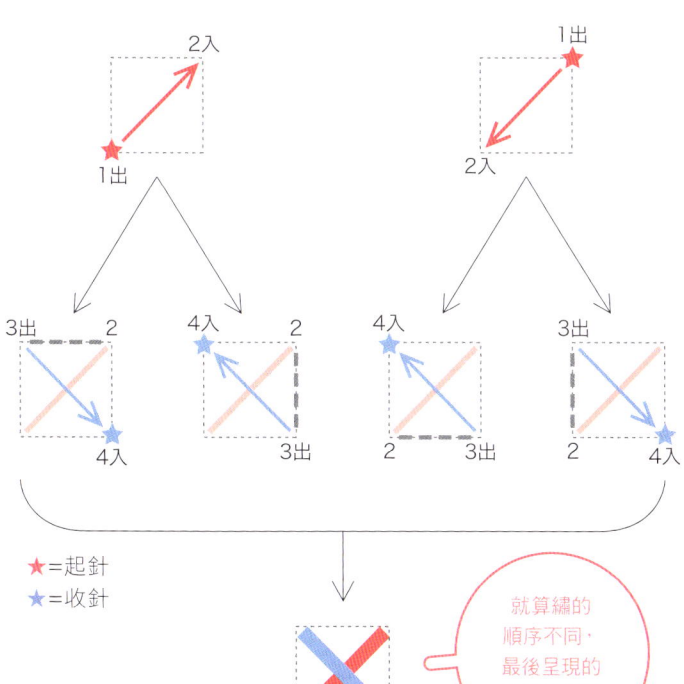

基本針法（1個✖）

這樣算一目！

除了上圖的「基本針法」，還有其他「／→＼＝✖」的運針法。／能從格目的左下往右上（↗）繡，或從右上往左下繡（↙）；＼能從格目的左上往右下（↘）繡，或從右下往左上（↖）繡也行。運針時可以按照上一目的入針位置或下一目的入針位置，來改變↗↙↘↖的組合。

★＝起針
★＝收針

就算繡的順序不同，最後呈現的針目仍相同

BASICS

87

一目完成再接一目往前刺繡

背面會有橫跨 2 格的線條，所以繡線要夠長，也會增厚。適合格目數較少的圖案。

橫向前進（由右至左）

由左至右前進

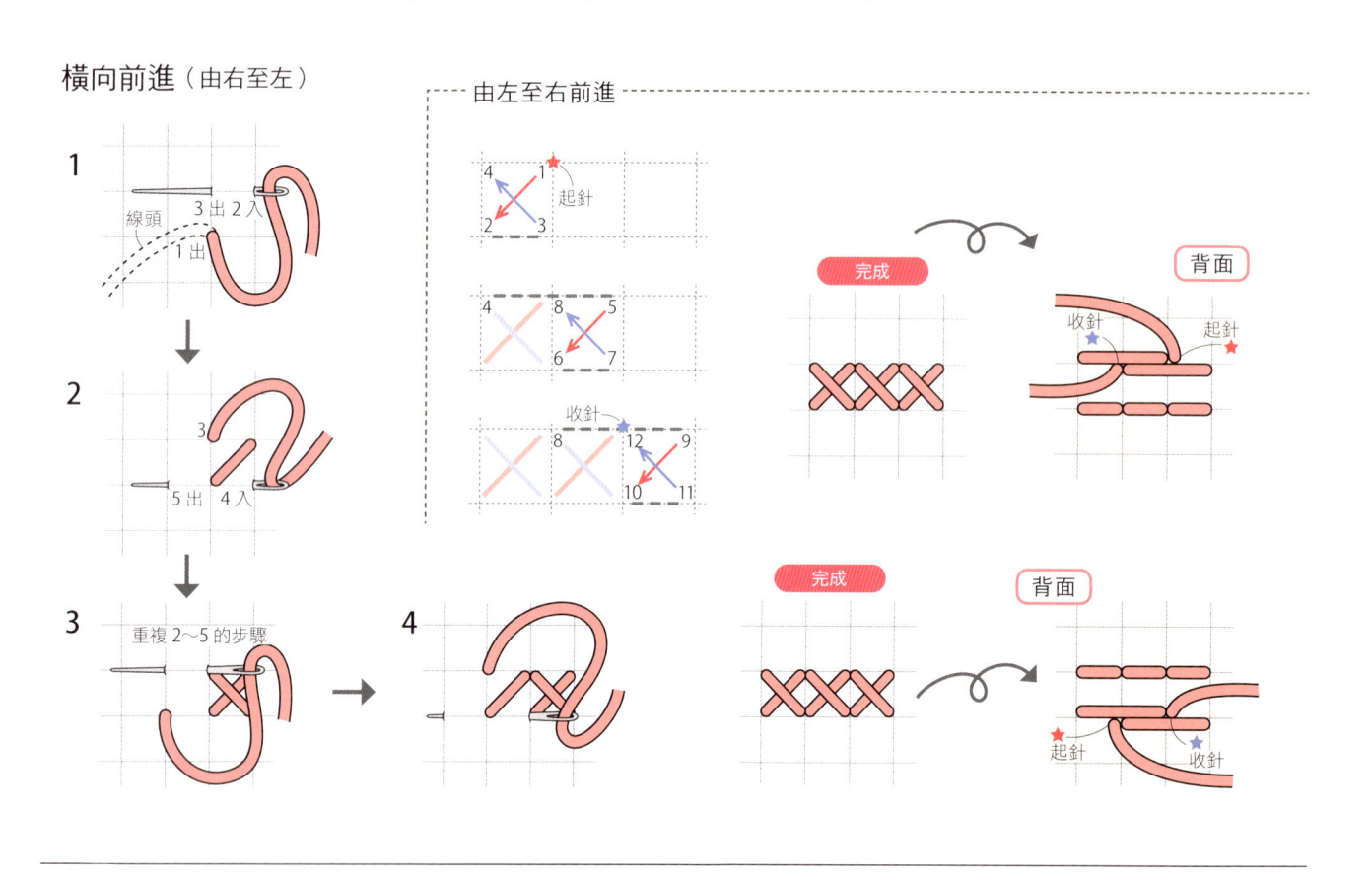

縱向前進（由下至上）

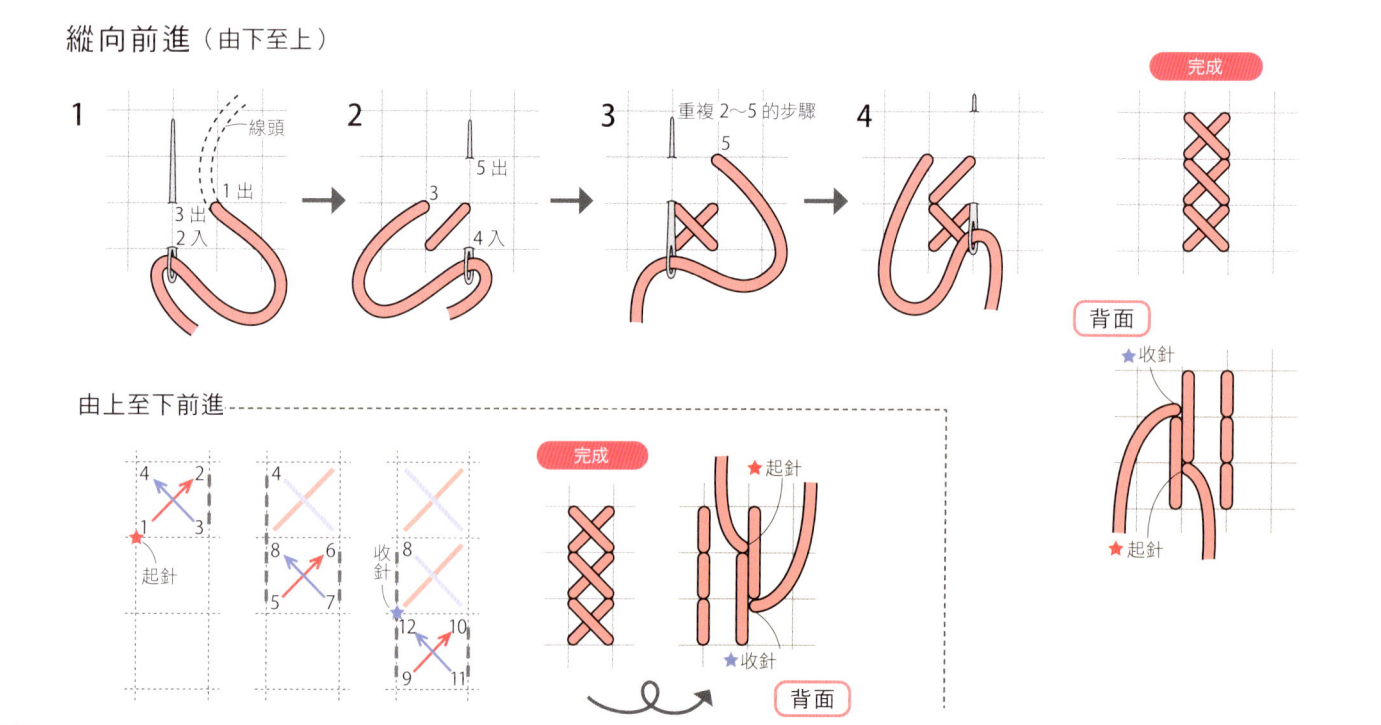

由上至下前進

一目完成再接一目往斜向刺繡

完成一個✖，再以階梯的形式往斜向刺繡。
刺繡時要隨時意識到「下個格目要從哪裡出針」。

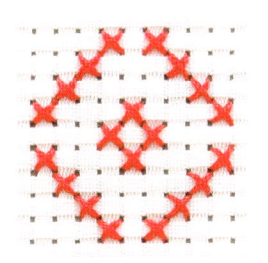

由左下至右上前進

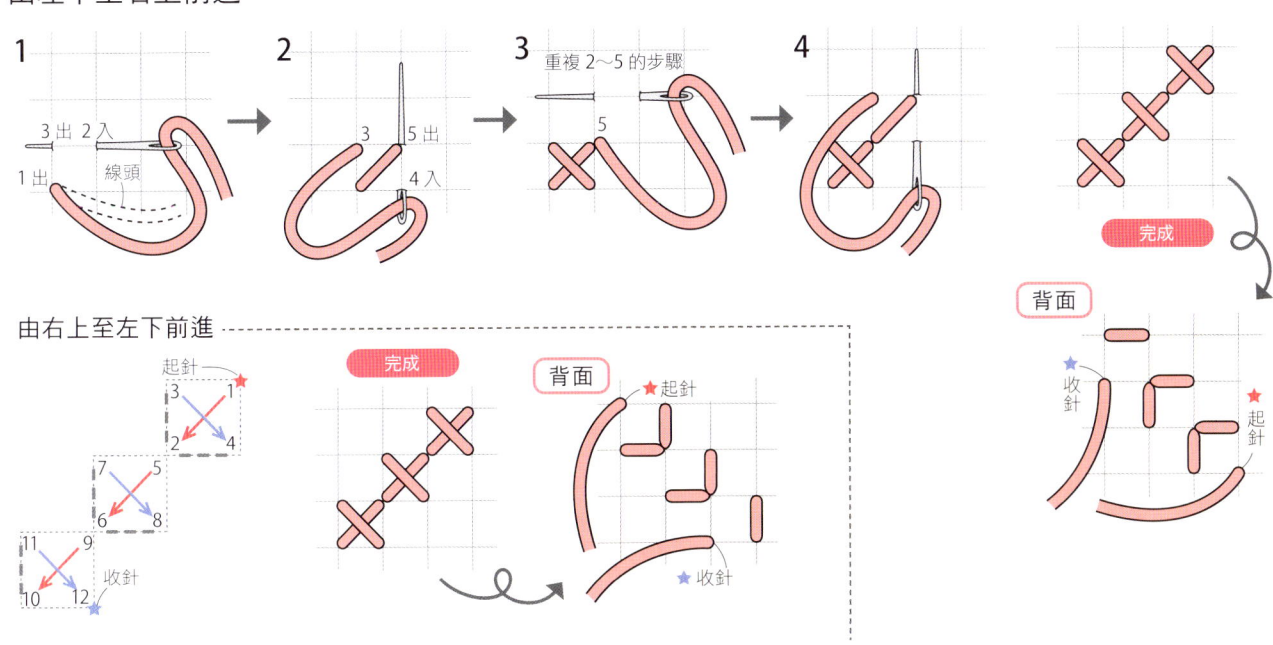

由右上至左下前進

由右下至左上前進

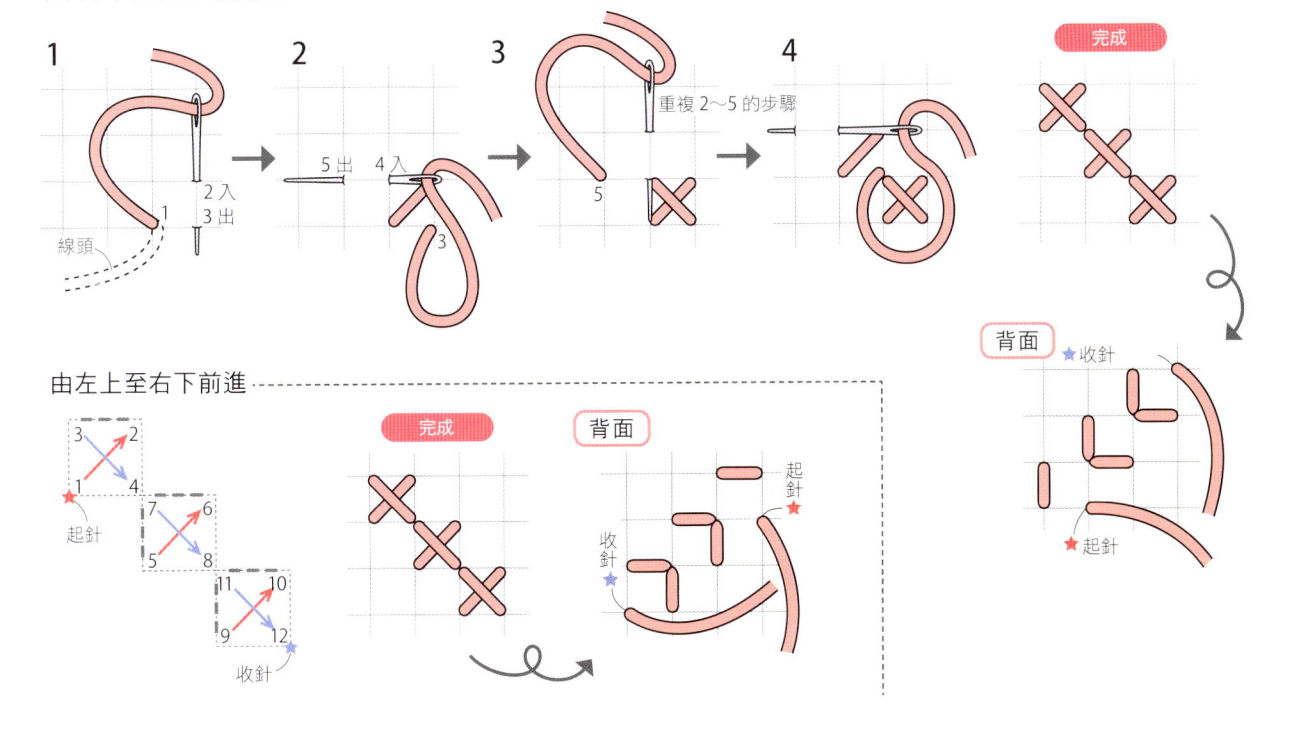

由左上至右下前進

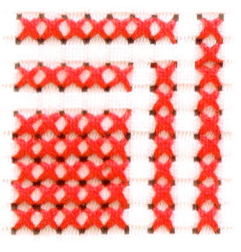

先連續繡／再連續繡

這是在有線狀圖案，或是要填滿大面積圖案時會用到的繡法。
※填滿大片面積的作法請參考 P.91、P.92

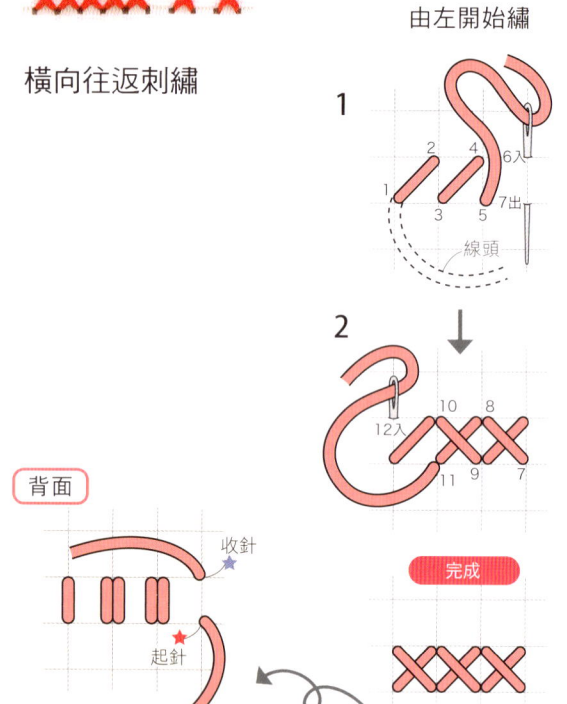

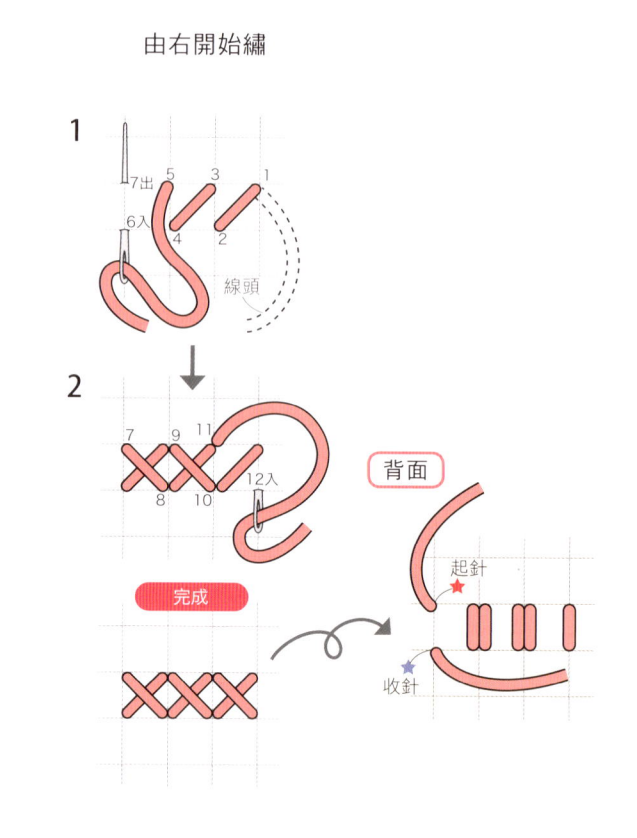

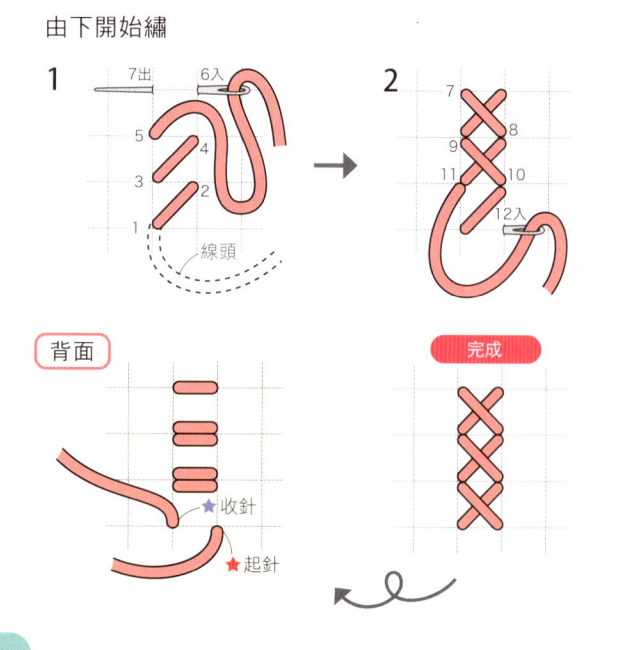

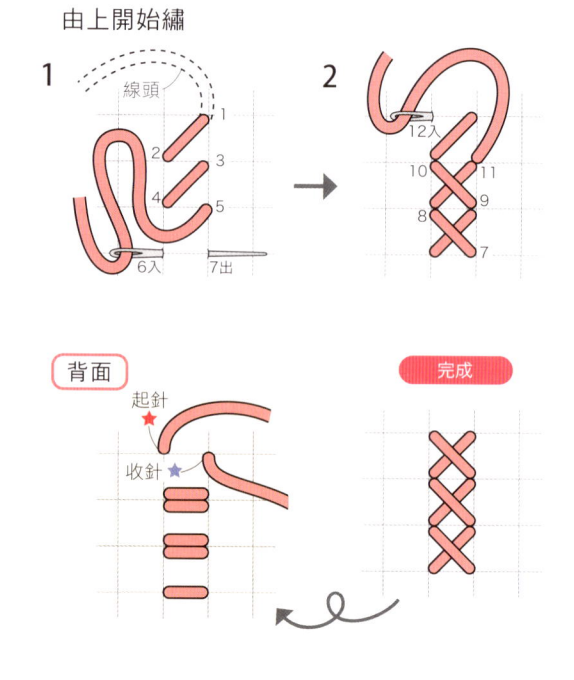

橫向往返刺繡

由左開始繡

1　（線頭，1、2、3、4、5、6入、7出）

2　（7、8、9、10、11、12入）

完成

背面（起針／收針）

由右開始繡

1　（線頭，1、2、3、4、5、6入、7出）

2　（7、8、9、10、11、12入）

完成

背面（起針／收針）

縱向往返刺繡

由下開始繡

1　（線頭，1、2、3、4、5、6入、7出）

2　（7、8、9、10、11、12入）

背面（起針／收針）

完成

由上開始繡

1　（線頭，1、2、3、4、5、6入、7出）

2　（7、8、9、10、11、12入）

背面（起針／收針）

完成

90

先連續繡╱ 再連續繡╲
填滿大面積的繡法

一列一列往返刺繡

從上列開始，往下列前進
從整體的左上格開始繡

1
起針

2

3

4
收針

背面
收針 起針

完成

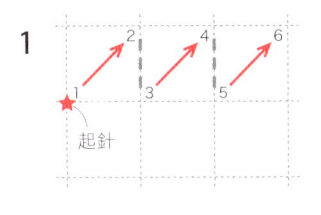

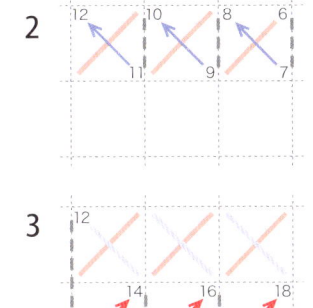

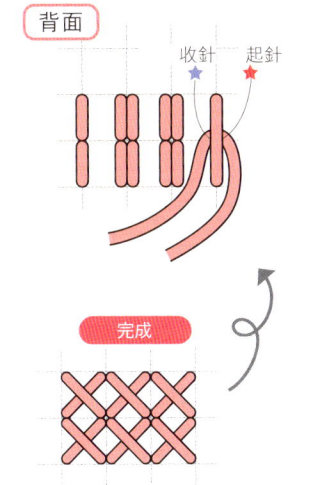

從下列開始，往上列前進
從整體的右下格開始繡

1
起針

2

3
起針 收針

4
收針

背面

完成

B
A
S
I
C
S

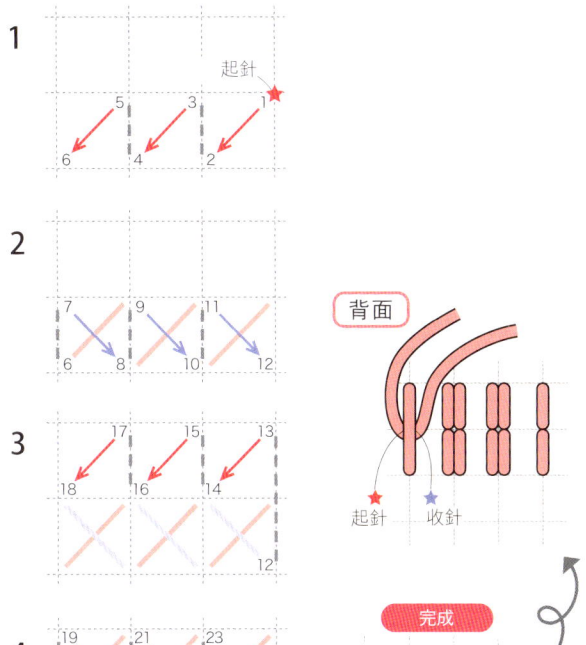

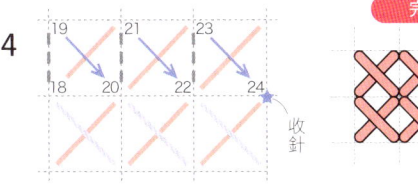

把所有╱繡完，再繡╲回去

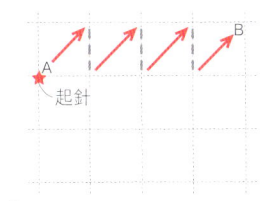

1 先繡╱。從 A 開始按╱方向繡到 B。

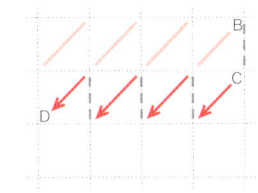

2 從 B 往 C 的方向出針，按╲方向繡到 D。

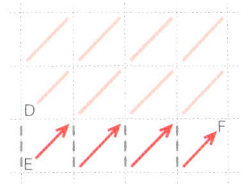

3 從 D 往 E 的方向出針，按╱方向繡到 F。全部╱都繡完的樣子。

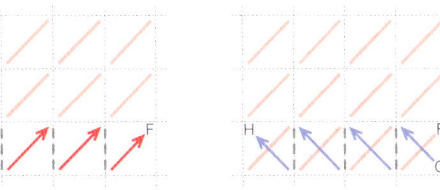

4 接下來往回繡╲。從 F 往 G 的方向出針，按╲方向繡到 H。

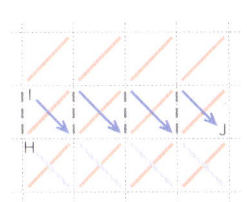

5 從 H 往 I 的方向出針，按╲方向繡到 J。

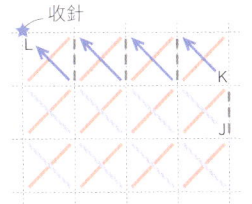

6 從 J 往 K 的方向出針，按╲方向繡到 L。

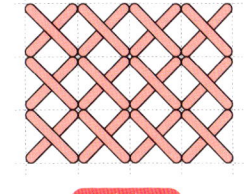

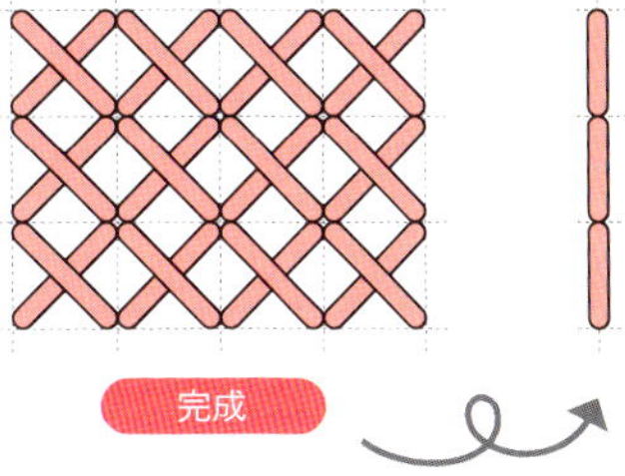

完成

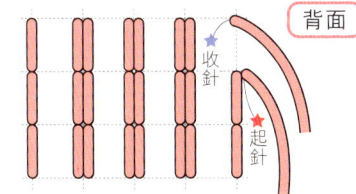

背面
收針
起針

91

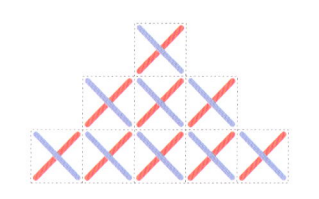

填滿大面積的繡法 **應用篇**
處理有段差圖案的繡法
只要學會這種針法，就能繡不規則形狀的圖案。

一列一列往返刺繡

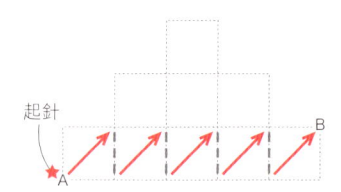

1 從 A 開始按 ↗ 方向繡到 B。

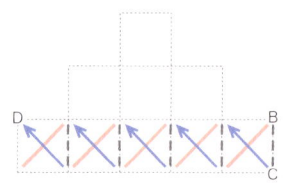

2 從 B 往 C 的方向出針，重疊在 1 的針目上，按 ↙ 方向繡到 D。

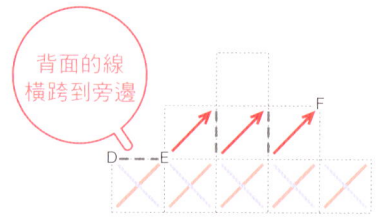

3 從 D 往 E 的方向出針，按 ↗ 方向繡到 F。

（背面的線橫跨到旁邊）

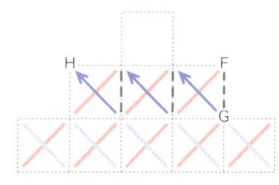

4 從 F 往 G 的方向出針，重疊在 3 的針目上，依序按 ↙ 方向繡到 H。

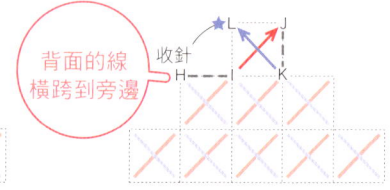

5 從 H 往 I 的方向出針，把最上面的格目繡好 ↗↖，完成。

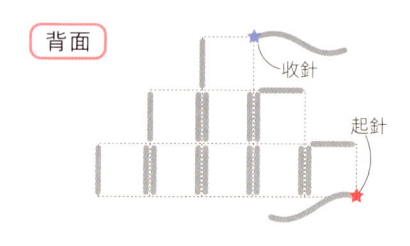

（背面的線橫跨到旁邊）

背面

把所有 ╱ 繡完，再繡 ╲ 回去

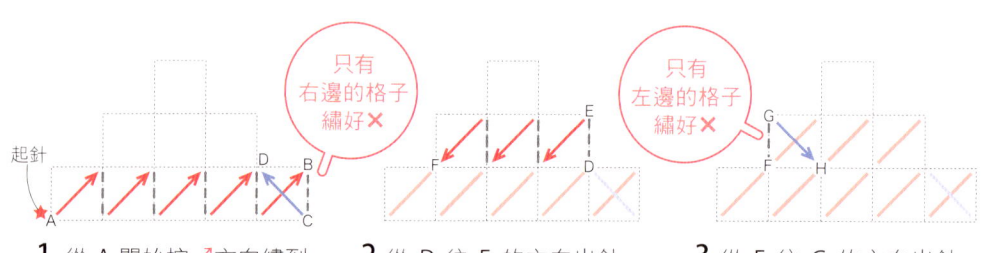

1 從 A 開始按 ↗ 方向繡到 B，再從 C 出針，按 ↗ 方向從 D 入針。

2 從 D 往 E 的方向出針，按 ↗ 方向繡到 F。

（只有右邊的格子繡好 ✕）

3 從 F 往 G 的方向出針，按 ↘ 方向繡到 H。

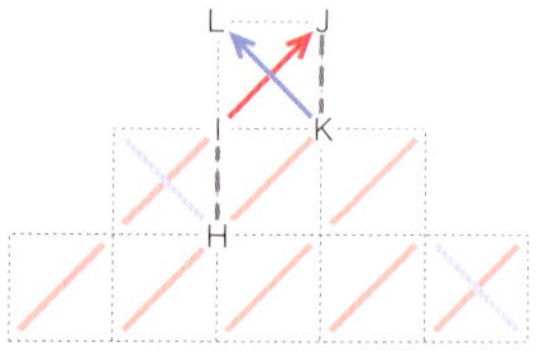

（只有左邊的格子繡好 ✕）

4 從 H 往 I 的方向出針，把最上面的格子繡好 ✕，往 L 入針。

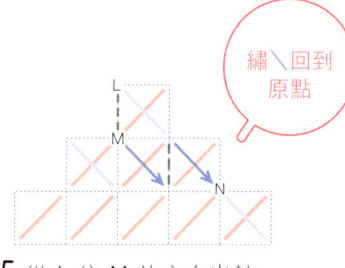

5 從 L 往 M 的方向出針，按 ↘ 方向繡到 N。

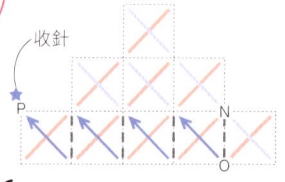

（繡 ╲ 回到原點）

6 從 N 往 O 的方向出針，按 ↖ 方向繡到 P，完成。

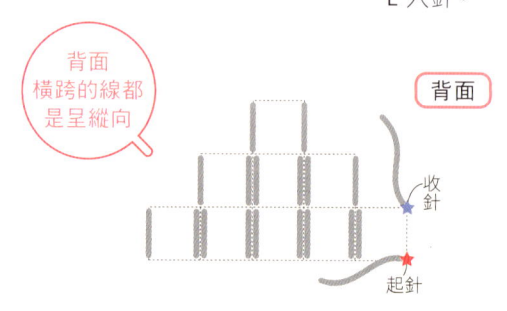

（背面橫跨的線都是呈縱向）

背面

搭配十字繡一起使用

霍爾拜因繡

用於強調十字繡的框線，或是表現圖案上較細膩的部分。

針目看起來很像回針繡（P.26），但卻是在織目格子相接的同一條線上往返刺繡，所以完成後正面與背面所呈現的針目是一樣的。

※若於本書十字繡圖案中看到「用霍爾拜因繡或回針繡」的標示，表示不論用哪一種針法都可以，配合自己的喜好或圖案來使用即可。

繡直線

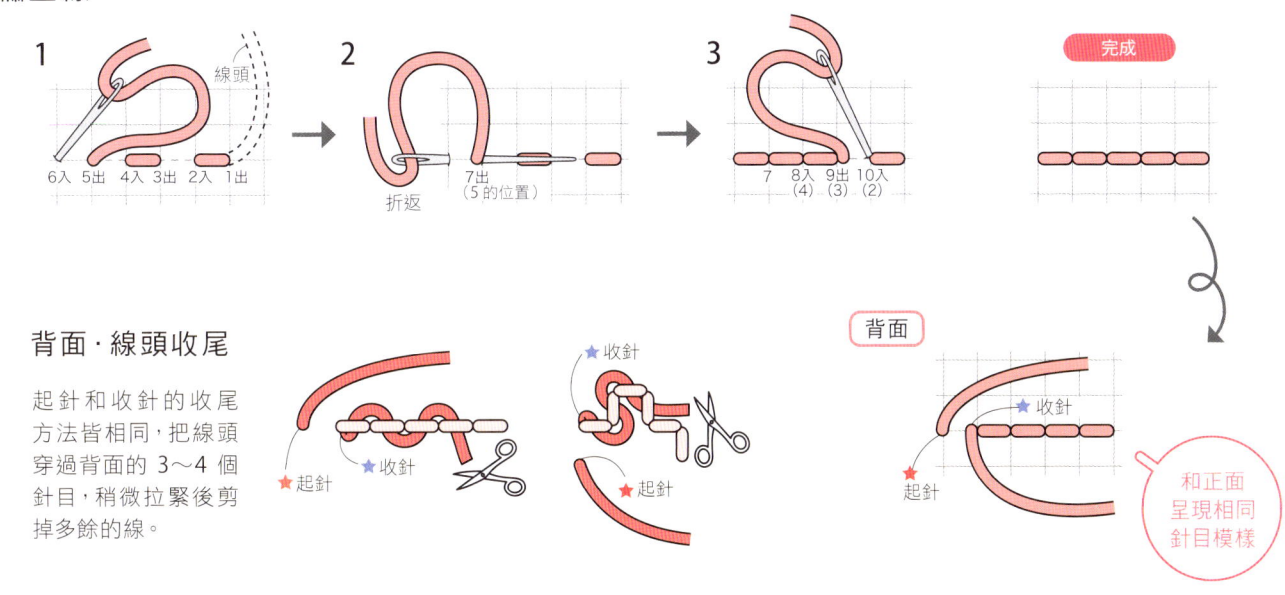

1 → 2 → 3 → 完成

背面・線頭收尾

起針和收針的收尾方法皆相同，把線頭穿過背面的3～4個針目，稍微拉緊後剪掉多餘的線。

背面：和正面呈現相同針目模樣

繡階梯形

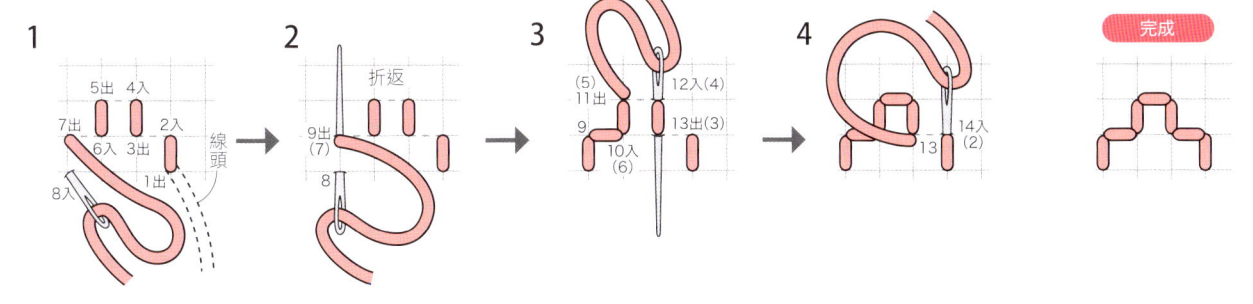

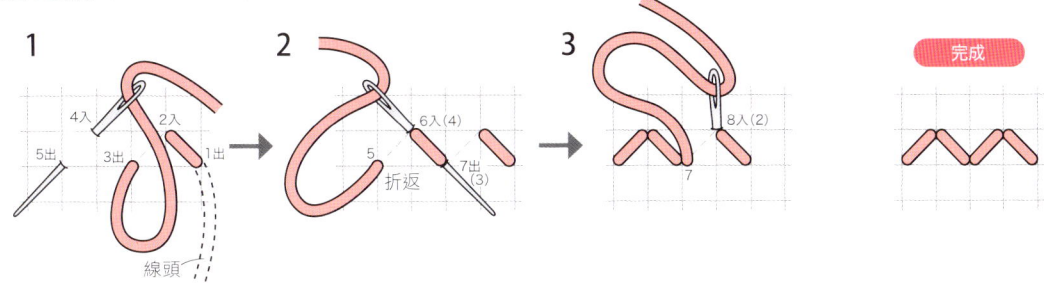

1 → 2 → 3 → 4 → 完成

繡鋸齒狀（從格目的對角線入針）

1 → 2 → 3 → 完成

BASICS

93

結合十字繡與亞麻布做各式小物

新井なつこ
（Natsuko Arai）

在刺繡用亞麻布上繡喜歡的圖案，再剪下來當作貼紙，即能成為可愛的布標。還可以將布料周圍裁剪後抽掉織線，營造出流蘇的感覺。

除指定外皆用十字繡

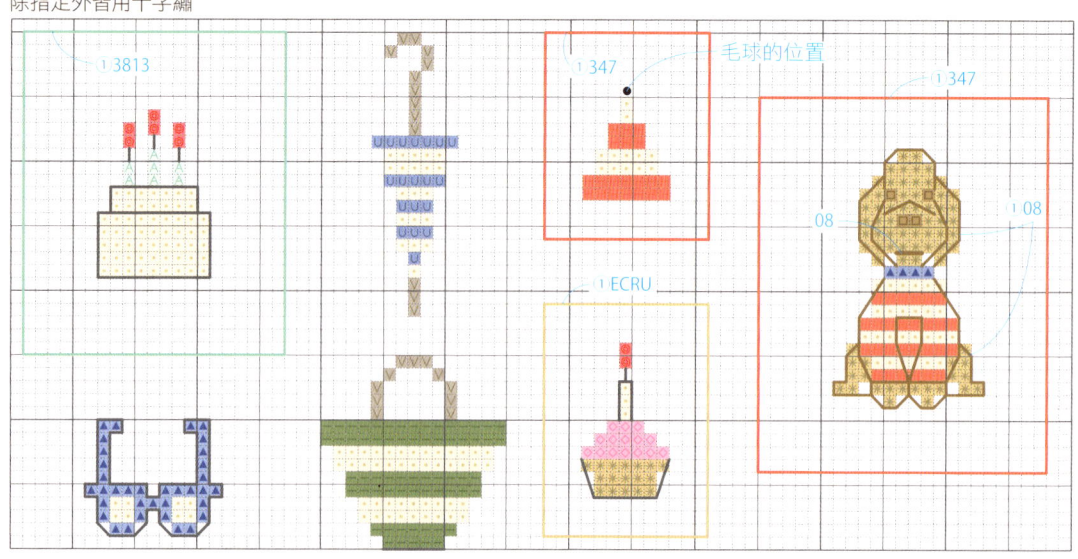

☐ ECRU ☐ 08 ☐ 326 ☐ 347 ☐ 612 ☐ 738 ▲ 930 U 931 ☐ 3011 ☐ 3609 ☐ 3813

使用DMC 25號繡線，○內的數字為線的股數，除指定外皆取2股。
粗體線部分用霍爾拜因繡或回針繡（除指定外皆用169，取1股）。
底布：DMC 亞麻布28CT（11目／1cm）灰白色（col.3865）、自然色（col.842）　※2×2條為1目

澤村えり子（Eriko Sawamura）

刺繡用亞麻布的織目比 Aida 和 Java Cross 的布料還要難計算，但獨特的質感和細膩程度具有無比魅力。用亞麻布做成信封式扁包，再繡上名字縮寫，做出最獨特的配件。
圖案請參考 P.102～103
扁包的作法請參考 P.131

打開我的衣櫃

在刺繡圖案上添加鈕釦或毛球，增加立體感。

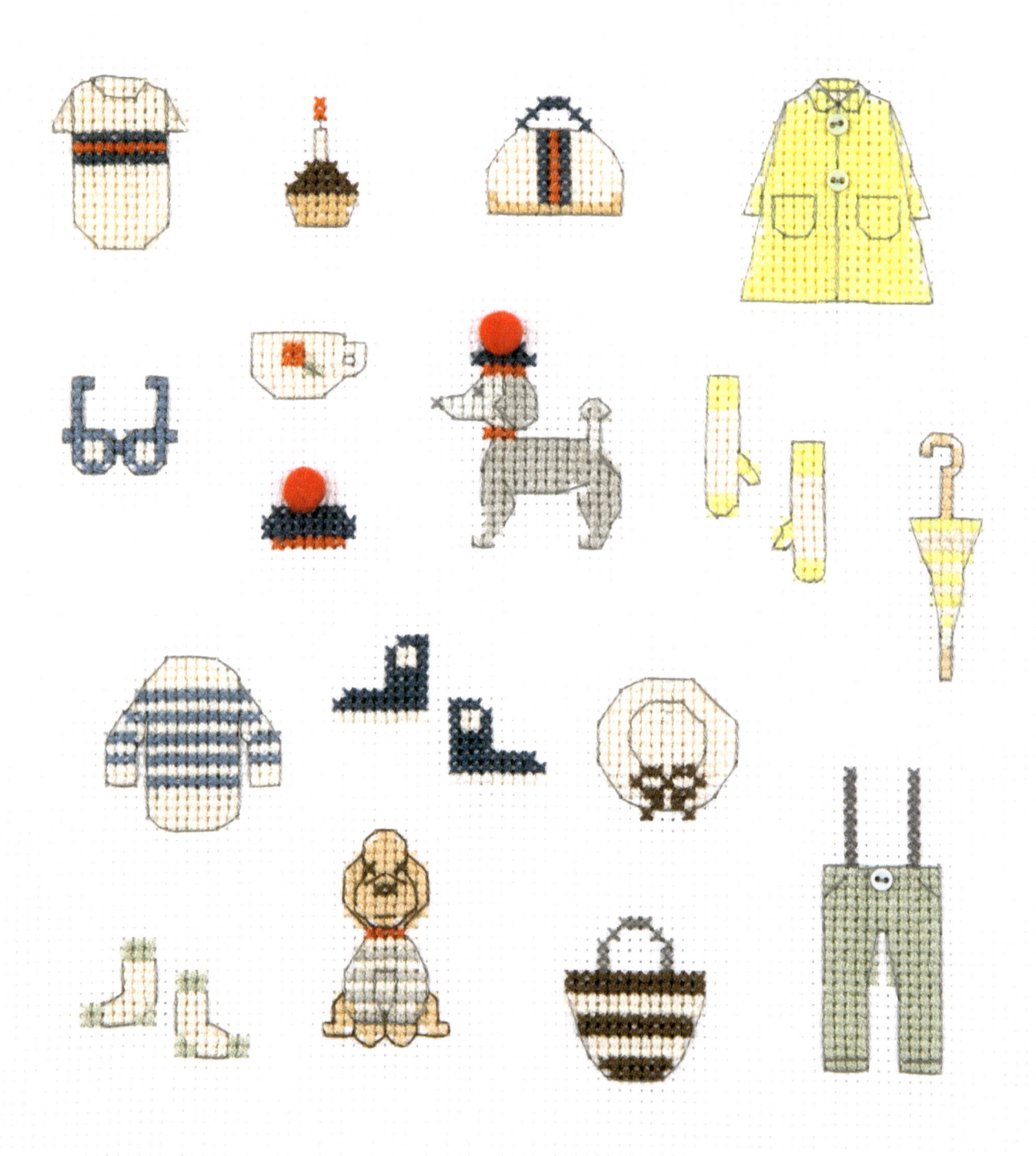

新井なつこ（Natsuko Arai）

除指定外皆用十字繡

□ ECRU ■ 08 □ 11 ■ 169 ■ 524 ■ 648 ■ 738 ● 900 ▲ 930 ∪ 931 ◻ 3072

使用 DMC 25 號繡線，○內的數字為線的股數，除指定外皆取 2 股。
粗體線部分用霍爾拜因繡或回針繡（除指定外皆用 169，取 1 股）。
底布：DMC Aida 14CT（55 目／10cm）BLANC　　●＝毛球或鈕釦的位置
※貴賓狗圖案的繡法請見 P.104～106 說明

四季之花

十字繡讓五顏六色的花朵都綻放了！

三井由佳（Bloom）

除指定外皆用十字繡

□ BLANC ■ 210 ■ 319 ■ 340 ■ 341 ■ 436 ■ 453 ■ 471 ■ 550 ■ 553 ■ 602 ■ 604 ■ 718 ■ 746 ■ 904 ■ 972
■ 973 ■ 973雙重十字繡（在×的針目上疊上+的針目） ■ 3746

使用DMC 25號繡線，○內的數字為線的股數，除指定外皆取2股。　粗體線部分用霍爾拜因繡或回針繡。
底布：DMC Aida 14CT（55目／10cm）BLANC

繽紛花園英文字母

澤村えり子（Eriko Sawamura）

將庭院裡千姿百態的花草和英文字母作搭配。

圖案請見 P.102、P.103

除指定外皆用十字繡

× 26　◆ 155　△ 368　▣ 452（若要繡完A～Z的話需要2束線）　■ 502　▢ 826　● 922　○ 3325　◇ 3609　✕ 3731　■ 3790　▨ 3822　▲ 3864

使用 DMC 25 號繡線，全部取 2 股。　粗體線部分用直針繡（645）。
底布…DMC Aida 14CT（55 目／10cm）象牙色（col.712）

全部皆用十字繡

△ 26　U 155　⊞ 368　⊞ 452（若要繡完A～Z的話需要2束線）　■ 502　T 826　■ 922　☆ 3325　○ 3609　✕ 3731　■ 3790　■ 3822　△ 3864
使用DMC 25號繡線，全部取2股。
底布：DMC Aida 14CT（55目／10cm）象牙色（col.712）

貴賓狗圖案的刺繡教學

圖案取自 P.97

除了解說貴賓狗的刺繡順序，在此也會說明線頭收尾的重點和最後的整熨方法。複雜的圖案別想一次繡好，分成好幾個區塊進行會比較容易完成。全部十字繡都繡完後，再繡霍爾拜因繡（或回針繡），幫圖案加上外框會有突顯圖案的效果，但若覺得有難度，不繡也沒關係。

為了讓讀者更清楚看懂刺繡細節，照片中改變了部分的繡線顏色和布目尺寸。

底布的詳細資訊請參考 P.97 的圖案
※霍爾拜因繡或回針繡的位置參考 P.106

■ 169　▨ 648　● 900　▲ 930　◯ 3072
使用 DMC 25 號繡線
取 2 股線（教學是取 4 股線）

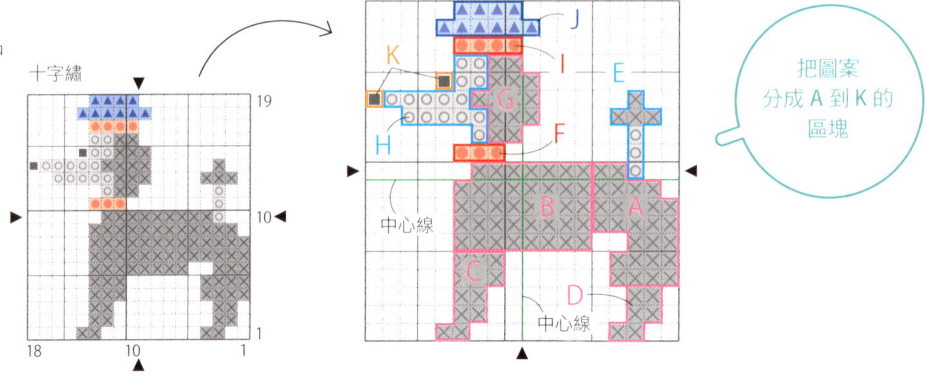

十字繡

把圖案分成 A 到 K 的區塊

中心線

（P.97 的圖案是取 2 股線，但為了讓照片更清楚，在這裡改取 4 股線）

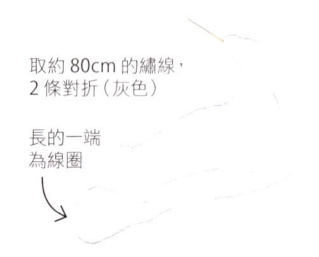

取約 80cm 的繡線，2 條對折（灰色）
長的一端為線圈

1 繡線取偶數股時，起針用「套環起針（→P.86）」會很方便。和照片一樣把線穿針（此為取 4 股時的作法；取 2 股時只須將一條線對折）。

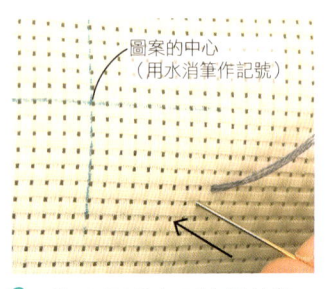

2 從 A 區最右下端開始繡，從起針的位置出針，往格目的對角入針。把線圈留在背面。

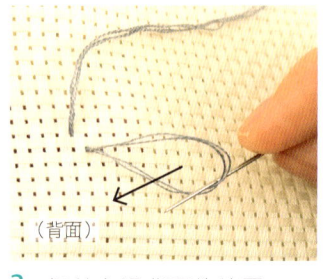

3 把針穿過背面的線圈。

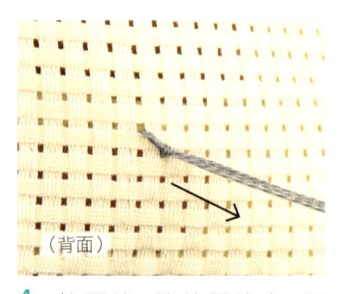

4 拉緊線，讓線圈縮小，固定住起針的線頭。正面即完成 1 目的 ╱。

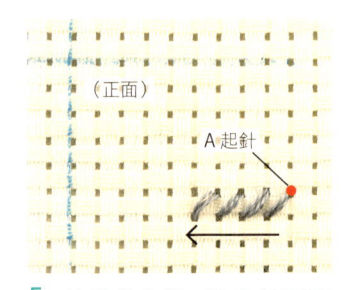

5 接著往左繡，把 A 區最下列的 ╱ 全繡完。

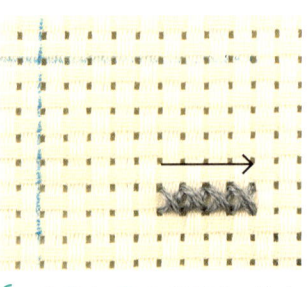

6 重疊在 5 的針目上，右繡 ╲，回到起針的格目。

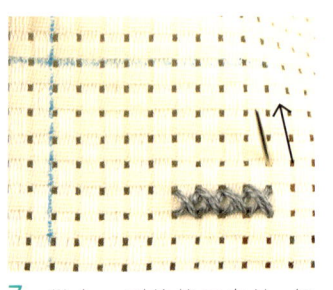

7 從上一列的格目出針，把 A 區不斷往上繡。

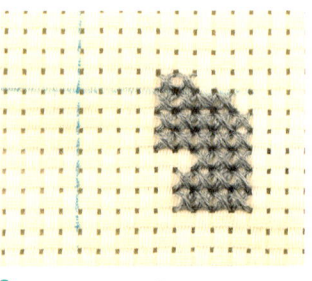

8 持續重複「先繡完一列 ╱，再重疊繡回 ╲」，即可完成 A 區。

104

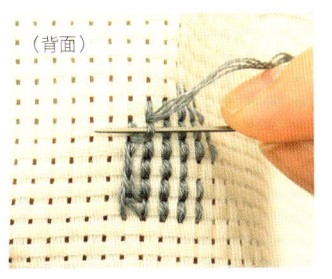

9 收針時，將線頭在背面收尾。先把線頭穿過縱向的 3～4 個針目裡。

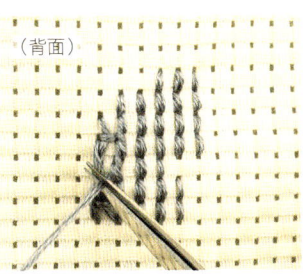

10 拉緊線，在針目的邊緣將線頭剪掉。注意別拉太用力，會影響正面的針目。

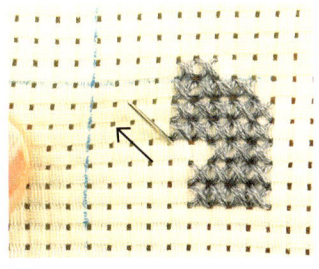

11 接下來用灰線繡 B 區。其他區塊的起針方式都跟 1～4 一樣用套環起針（取 4 股線）。

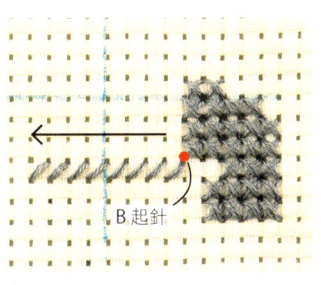

12 從 B 區的最下列開始，往左繡╱。

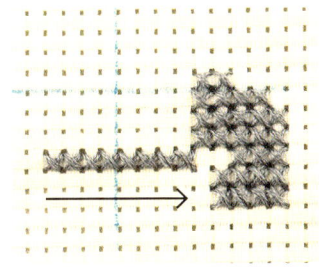

13 重疊在 12 的針目上，往右繡╲，回到起針格目。

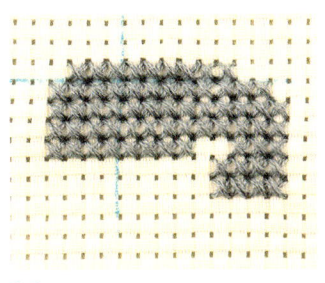

14 繼續一列一列往上繡，直到完成 B 區。

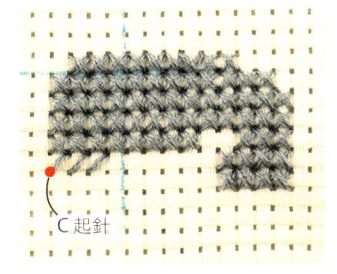

15 開始用灰線繡 C 區。從最上列的左端開始繡。

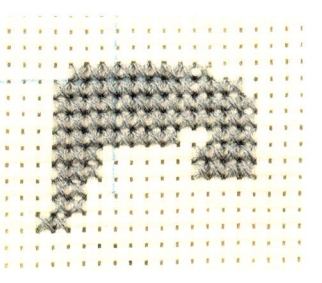

16 接續往下列前進，繡完 C 區。到此為止，狗狗的前腳繡好了。

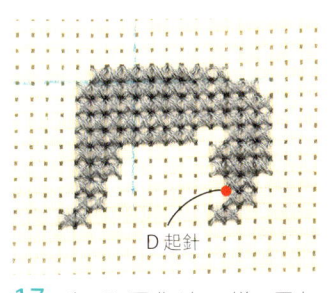

17 和 C 區作法一樣，用灰線繡出 D 區後，即完成狗狗的身體。

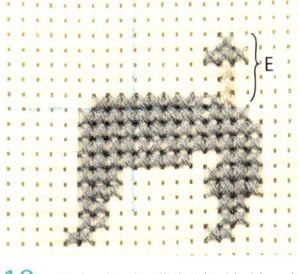

18 用灰色和淺灰色的線，繡完 E 區的尾巴。

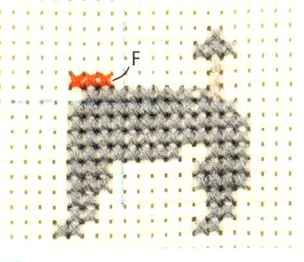

19 用紅線繡 F 區的項圈。格目數較少的部分可等到其他區塊繡完後再繡，收針線頭會比較好收尾。

20 用灰線繡 G 區的耳朵。

繡出漂亮針目的訣竅！
一邊整理繡線
一邊刺繡

1 在 P.71 有介紹過「當繡線纏繞在一起時的復原方法」，在做十字繡時，也會發生繡線纏繞的情況。

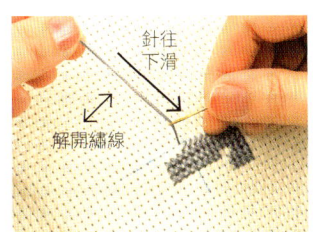

2 若餘線很短，只要把針往布面移動，用手指將纏繞的線解開即可。

3 線恢復平順了。刺繡時要經常檢查繡線是否纏繞，每次都要解開後再繼續刺繡。

接續下一頁 》》》》

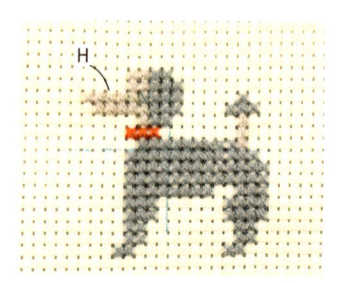

21 用淺灰色線繡 H 區的狗狗臉部。

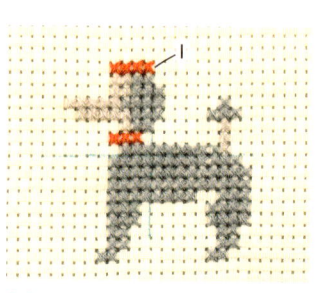

22 用紅線繡 I 區的帽沿。

23 用深藍色線把 J 區的帽子上半部繡好。

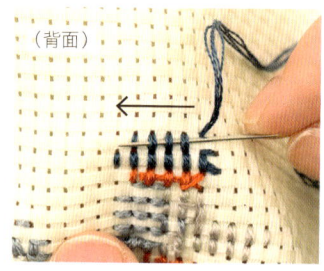

24 線頭收尾時，在背面橫向穿過3～4個針目即可。

25 用深灰色線把 K 區的眼睛和鼻子各繡上一格。先在眼睛繡好一個 ✘。

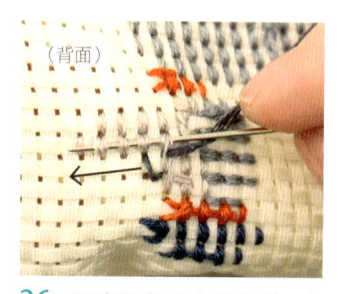

26 眼睛跟鼻子有點距離，先在背面挑針固定繡線。

27 最後繡好鼻子的格目後，十字繡即完成。

28 在背面把線頭收尾。

29 圖案的粗體線可用霍爾拜因繡（→P.93）或是回針繡（→P.26）。繡上外框後，圖案會變得更立體鮮明。

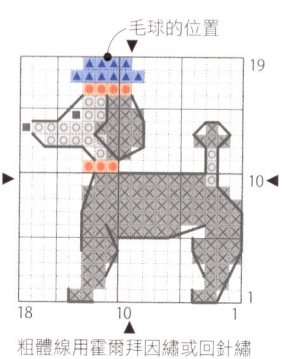

粗體線用霍爾拜因繡或回針繡（169,1股）

30 把直徑約 0.5cm 的毛球黏在帽子上端。用木質角珠或塑膠角珠皆可，尺寸也隨個人喜好。

完成

十字繡完成後的整燙方法

用熨斗整燙過繡好的針目，圖案會變得比較漂亮。若要黏或縫上毛球或角珠，在熨燙之後再進行。

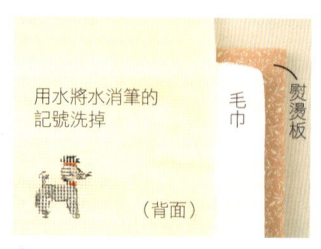

1 在熨燙板上鋪一條毛巾，以免在整燙時破壞針目。將繡好的布背面朝上擺放。

2 再鋪上一層防燙布，熨斗調成適合布料的溫度進行整燙。順著針目縱向、橫向移動熨斗，不要將布料擺得歪斜。

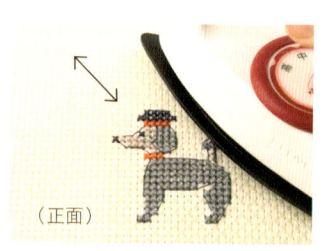

3 將繡好的布正面朝上，像是輕撫過表面般，順著針目（＼）方向，用熨斗順順地滑過針目。

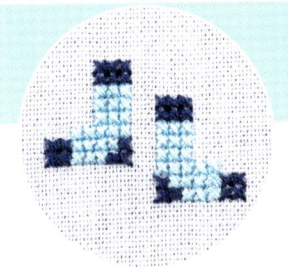

用什麼布繡都 \OK/
「可拆式轉繡網布」的使用方法

織目很難計算的布料,只要利用「可拆式轉繡網布」就能輕易做出十字繡。
利用此方法,就能在各種布製品上繡喜歡的圖案作裝飾。
※左邊照片是用14CT(56目/10cm)的可拆式轉繡網布和DMC 25號繡線(取2股)的刺繡實例。
為了在教學中能看得清楚,在此使用9CT(34目/10cm)的可拆式轉繡網布和8號繡線(取1股)做示範。

圖案取自 P.97
(實際大小;只有改變顏色)

先畫上中心線
(目數若為奇數,偏向其中一方即可)

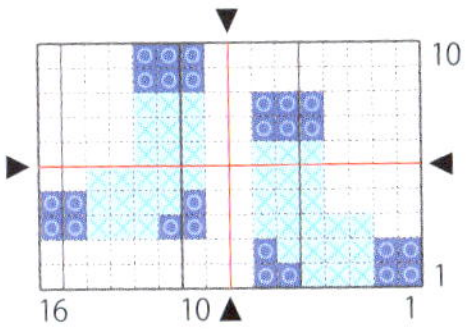

■ 336 □ 3766

COSMO
可拆式轉繡網布
(14CT,56目/10cm)
其他還有9、11、18CT

(實際大小)

入針位置

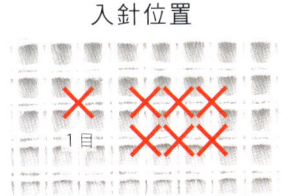

在大格目的中心入針,這裡把2×2條織線當作1目。

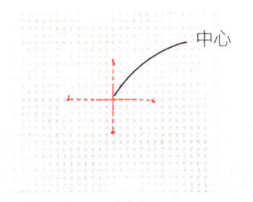

1 將轉繡網布剪得比刺繡圖案稍大一些(若剪得剛剛好,之後會不好拆除),用疏縫線在中心縫上記號。

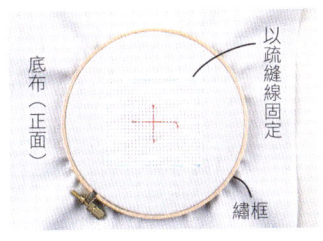

2 把1的中心記號與底布的中心重疊,在布料四周縫上疏縫線固定。利用繡框會比較便於刺繡。

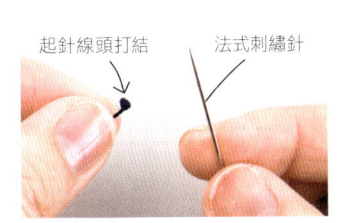

3 用針尖較尖的法式刺繡針,會比較容易在轉繡網布上刺繡。穿線後,把繡線的線頭先打結。

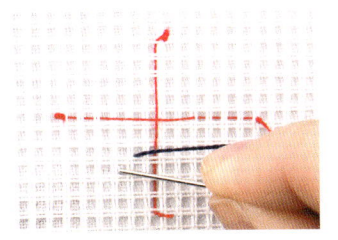

4 以圖案與轉繡網布的中心記號為基準開始刺繡。從大格目中心點出針,跨越2條織線的交點入針。

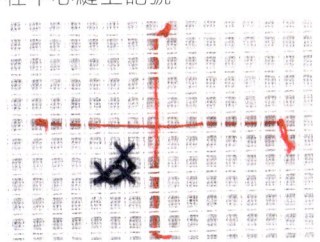

5 4個格目中間的洞總共會入針四次,要小心別鉤到繡線和轉繡網布的織線。

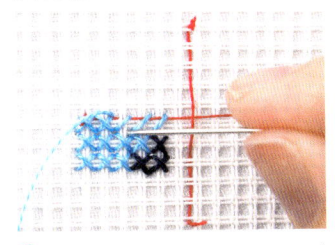

6 按照同樣方式刺繡,直到完成圖案。

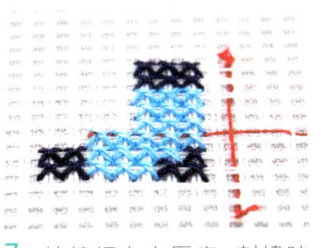

7 轉繡網布有厚度,刺繡時要稍微把繡線拉緊,之後的成品才會漂亮。

8 圖案繡好後,把周圍和中心的疏縫線拆掉。

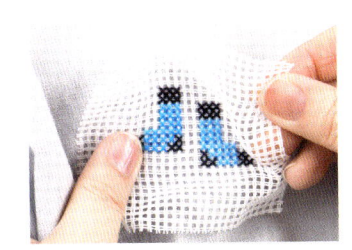

9 用噴水器在轉繡網布上噴水,輕輕搓揉後,布料會變得比較柔軟,織線會比較好拆。

10 從轉繡網布的邊緣開始拆線。可以先放心地拆掉十字繡以外的織線。

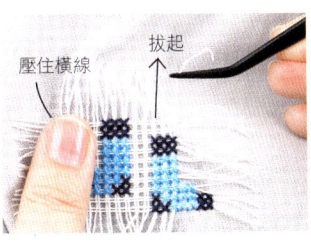

11 十字繡上的織線較不好拆,可以用鑷子輔助,和底布保持平行直直往上拔。

完成
拔完所有的織線即完成。

在各種布製品上玩十字繡

利用可拆式轉繡網布（P.107），
就可以在市售的布製品上增添可愛的十字繡。
將所有十字繡用的素材都練到得心應手，
便能輕鬆享受刺繡的樂趣。

P.108、P.109 的作品
堀內さゆり（Sayuri Horiuchi）（Biene）

在織帶狀的繡布上做十字繡，再縫到毛巾上，便不需在意背面線頭，外觀也能很漂亮。選用橫條圖案比較適合繡在毛巾上。
個別圖案請參考 P.113、P.125
整體圖案請參考 P.123

利用可拆式轉繡網布，在嬰兒內衣和襪子上做十字繡，即使是小小的圖案，也能讓成品變得很可愛。可拆式轉繡網布的用法請參考 P.107 的說明。
圖案請參考 P.111

把繡上小寶寶圖案的繡布做成圍兜的口袋，是最適合送給寶寶的禮物。刺繡卡片則是把市售的相框卡片中原本放照片的部分換成繡布。
個別圖案請參考 P.111
整體圖案請參考 P.135

109

稚氣男孩＆女孩

堀内さゆり（Sayuri Horiuchi）（Biene）

⊠ 155	▲ 301	■ 310	◣ 321	✚ 597	● 602	⁄ 729	⋀ 743	△ 745	Z 775	▼ 809	⊘ 824	◎ 827	V 906	· 951	● 3689
◉ 3733	T 3819														

使用 DMC 25 號繡線，○內的數字為線的股數，除指定外皆取 2 股。　粗體線部分用霍爾拜因繡或回針繡。
底布：DMC Aida 14CT（55 目／10cm）灰白色（col.712）

孩子喜歡的各種東西

堀內さゆり（Sayuri Horiuchi）（Biene）

ABCDEFGHIJKL
MNOPQRSTUV
WXYZ

除指定外皆用十字繡

☒ BLANC ● 300 ▼ 304 ◪ 307 ■ 310 ◩ 318 ✚ 597 ▲ 602 ┳ 605 ◣ 704 ◪ 743 ◼ 798 ◉ 827 · 951 ☰ 976 ● 986
◎ 3041 ✶ 3078 ■ 3362 ⊙ 3733

使用 DMC 25 號繡線，○內的數字為線的股數，除指定外皆取 2 股。　粗體線部用霍爾拜因繡或回針繡。
底布：DMC Aida 14CT（55 目／10cm）灰白色（col.712）

不同姿態的貓咪和狗狗　　　　　　　　　堀內さゆり（Sayuri Horiuchi）（Biene）

除指定外皆用十字繡

C.A.T

lovely

DOG

My friend

| T 163 | ▲ 192 | ▼ 314 | ■ 384 | V 422 | ◉ 486 | + 503 | ● 514 | ⊘ 551 | ▰ 738 | ⊙ 810 | · 850 | ■ 900 | ✕ 1013 |

使用 Olympus 25 號繡線，○內的數字為線的股數，除指定外皆取 2 股。 粗體線部分用霍爾拜因繡或回針繡。
底布：Olympus Aida 14CT（55目／10cm）灰白色（col.1032）

115

毛茸茸的小動物們

堀內さゆり（Sayuri Horiuchi）（Biene）

除指定外皆用十字繡

法國結粒繡 繞1圈 900

法國結粒繡 繞1圈 900

法國結粒繡 繞1圈 900

△ 141　⊠ 190　⊞ 273　◯ 277　■ 355　▼ 384　⊙ 411　⦿ 485　T 502　⊘ 524　V 555　◤ 785　· 850　■ 900　△ 5205

使用 Olympus 25 號繡線，◯內的數字為線的股數，除指定外皆取 2 股。　粗體線部分用霍爾拜因繡或回針繡。
底布：Olympus Aida 14CT（55 目／10cm）灰白色（col.1032）　※小鳥圖案的繡法請見 P.126～127 說明

117

雜貨小物的十字繡

可以繡單一小圖案當作物品的重點，
或是只取大圖案的一部分，以單色或少量顏色來刺繡。
能夠自由變化，正是十字繡的魅力。

在深色布料上以原色繡線做出十字繡。
因為只用一種顏色，即使針目很小，也
能輕鬆繡好小針包。
圖案請參考 P.111、P.124
針包的作法請參考 P.132

使用擁有自然質感的刺繡用亞麻
布製成書衣。在亞麻織帶繡上十
字繡做成書籤，再抽掉兩端的橫
線做成流蘇。

圖案請參考 P.113、P.122、P.124、P.125
書籤的整體圖案請參考 P.135
書衣的作法請參考 P.133

在市售的布製小物上添加十字繡便能成為獨特的小禮物。在亞麻手帕繡上不同顏色的玫瑰，或只要在卡片繡上一句話也能聊表心意。
圖案請參考 P.115、P.125
可拆式轉繡網布的用法請參考 P.107
卡片的整體圖案請參考 P.135

P.118、P.119 的作品
堀內さゆり（Sayuri Horiuchi）（Biene）

縫上亞麻布口袋的手提袋。可以繡上喜歡的貓狗圖案，帶去散步。
圖案請參考 P.115
手提袋的作法請參考 P.134

花園

堀内さゆり（Sayuri Horiuchi）（Biene）

圖案請見 P.122、P.123

紅 & 藍

堀内さゆり（Sayuri Horiuchi）（Biene）

ABCDEFGHIJKLMNOPQRS
TUVWXYZ

圖案請見
P.124、P.125

P.120 作品的繡圖

除指定外皆用十字繡

接續下一頁 >>>>

· BLANC ✕ 208 T 209 · 211 ╱ 307 ∧ 444 Z 470 ∨ 471 ✱ 498 □ 792 ╱ 794 V 800 ⊙ 899 ⊙ 904 ⊙ 3041 △ 3346 ■ 3362 ▼ 3607 ✱ 3608 ⊡ 3756 + 3819

使用 DMC 25 號繡線，○內的數字為線的股數，除指定外皆取 2 股。　粗體線部分用霍爾拜因繡或回針繡。
底布：DMC Aida 18CT（70 目／10cm）ECRU

P.108 作品的繡圖

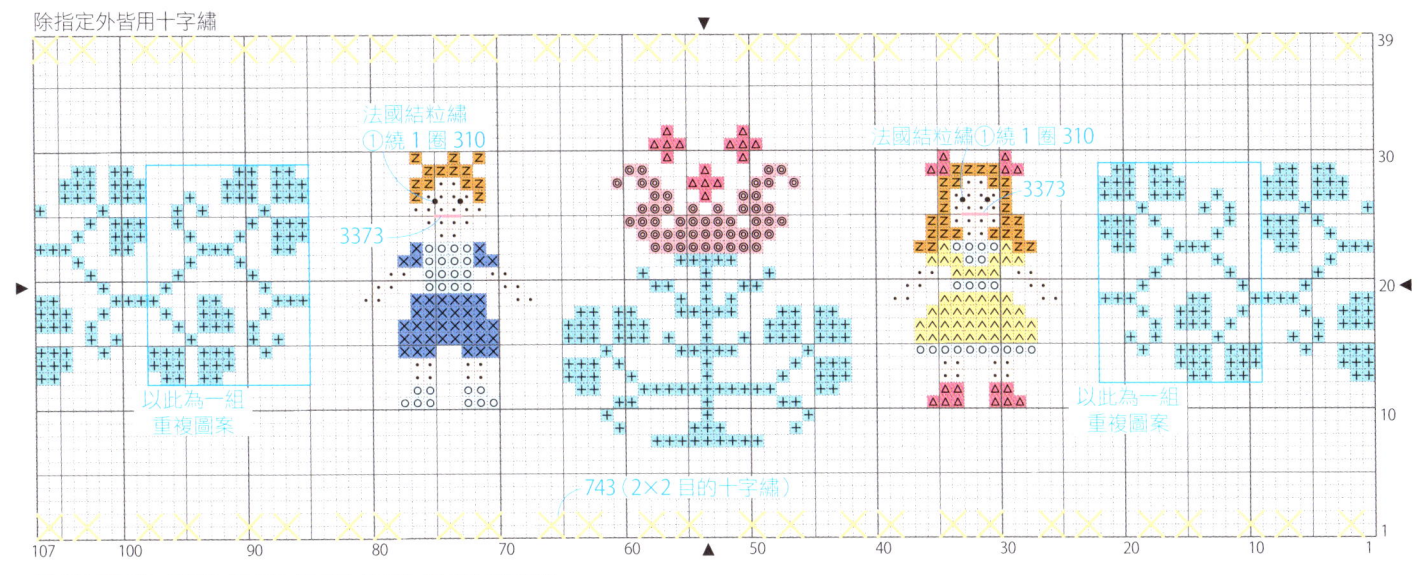

除指定外皆用十字繡

法國結粒繡 ①繞1圈 310

法國結粒繡①繞1圈 310

3373

3373

以此為一組 重複圖案

以此為一組 重複圖案

743（2×2目的十字繡）

➕ 597 　🔺 602 　△ 743 　✖ 798 　◎ 827 　· 951 　Z 976 　⊙ 3733

使用DMC 25號繡線，○內的數字為線的股數，除指定外皆取2股。　粗體線部分用霍爾拜因繡或回針繡。
底布：8cm寬的Aida織帶16CT（60目／10cm）白色
※配合想做出的大小，重複繡出左右兩邊的三葉草圖案。

>>>>> 接續上一頁

470

①3768

123

P.121 作品的繡圖

ABCDEFGHIJKLMNOPQRS
TUVWXYZ
803

使用 DMC 25 號繡線・全部取 2 股。粗體線部分用霍爾拜因繡手因繡或回針繡。
底布：DMC Aida 18CT（70 目／10cm）ECRU

* 498　■ 803

125

小鳥圖案的刺繡教學

此篇以 P.117 的小鳥圖案為例，說明繡出圖案的過程。
在此也會使用到霍爾拜因繡和法國結粒繡兩種針法。

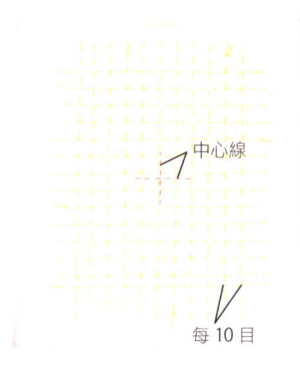

圖案取自 P.117

圖案標示說明

取 2 股線，繞 1 圈的法國結粒繡 色號為 900

法國結粒繡線 1 圈 900

格目邊緣的粗體線也是霍爾拜因繡

拉好中心線

T 900

這條粗線是霍爾拜因繡 取 1 股線，色號為 900

標示使用的繡線、廠牌、色號、股數等資訊

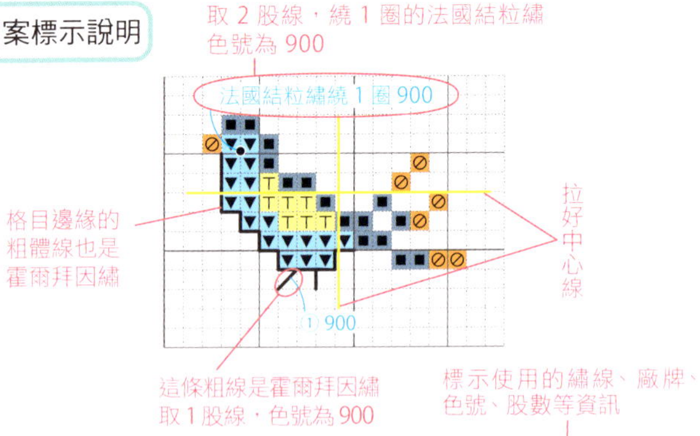

■ 355　▼ 384　T 502　⊘ 524

使用 Olympus 25 號繡線，〇內的數字為線的股數，除指定外皆取 2 股。
粗體線部分用霍爾拜因繡。
底布：Olympus Aida 14CT（55目／10cm）灰白色（col.1032）

標示底布的種類、織目大小和顏色等資訊

繡大面積圖案時

假如要繡一整個頁面的圖案，以製作抱枕或掛畫等物品時，首先會需要決定中心位置（如左圖的中心線）。而在要放置圖案的基準線上，建議以每 10 目做上記號，數格目時會比較方便。此外，可以把底布剪得大一點會比較安心。

中心線

每 10 目

刺繡前的準備

在底布的中心用疏縫線做記號。並從中心線開始數格目，將整體圖案的外框先做上記號會比較好繡。

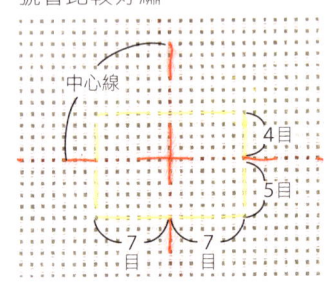

中心線

4目
5目
7目 7目

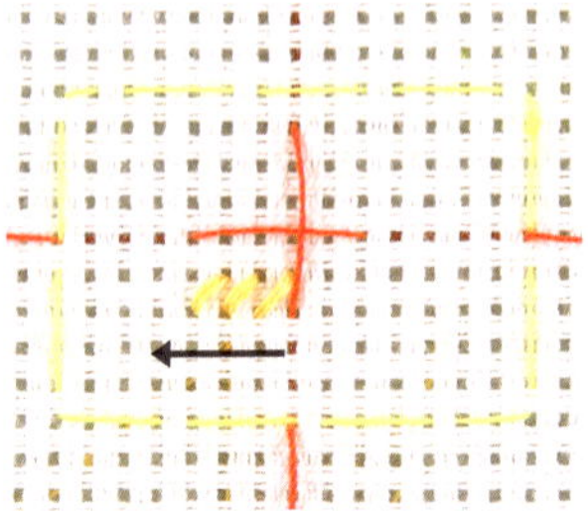

1 從靠近中心的部位開始繡。先從黃色羽毛開始。

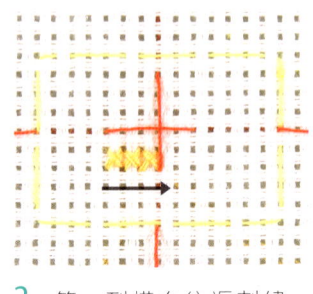

2 第一列橫向往返刺繡，回到起針的位置。

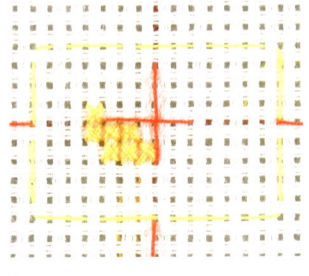

3 再一列一列往返移動至上方，即可繡好黃色羽毛。

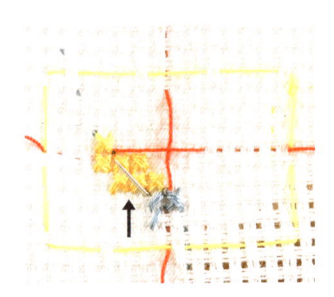

4 由於水藍色遍及到眼睛的位置，從右往左，縱向往返刺繡。

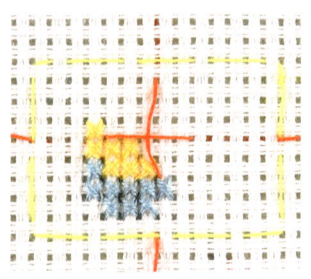

5 先由下往上，再由上往下運針，縱向完成一排後，往左排移動。

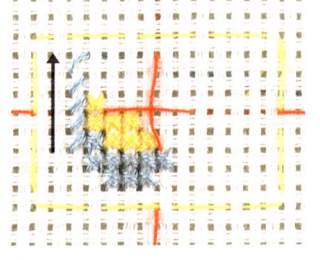

6 刺繡時，針目的交叉順序須維持一致性。

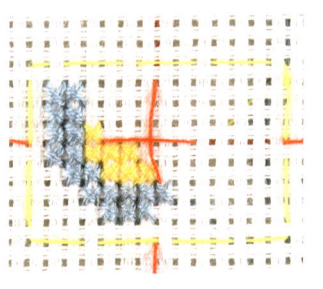

7 最左排的水藍色也繡好了（之後疏縫線會拆掉）。

126

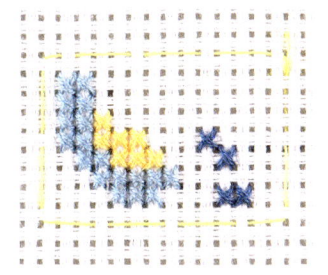

8 藍色的格子有點分散,可以從右下往左上繡過去。

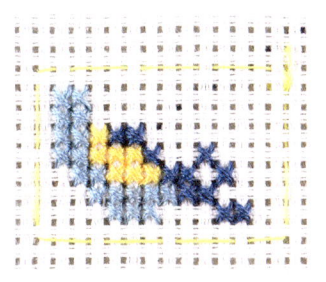

9 斜上去的部分,可以一格一格慢慢繡上去。

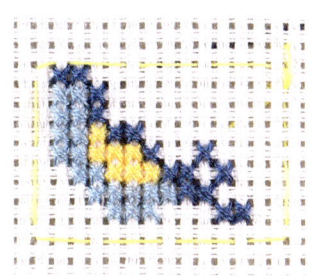

10 藍色的部分繡完了。背面的線盡量不要斜向橫跨就會比較整齊。

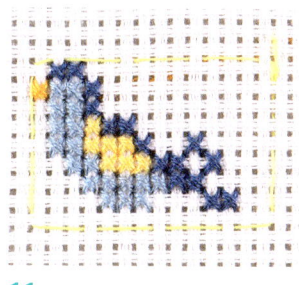

11 橘色部分從左側開始。先繡好喙的那一格。

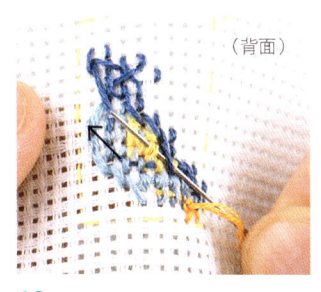

12 要繡下一格之前,先用線挑背面中間的針目,以固定橫跨的線。

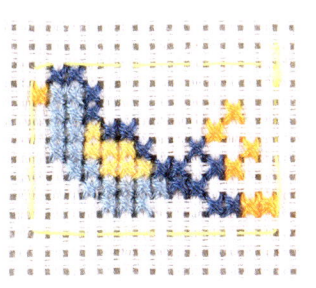

13 朝右上慢慢完成每個格子,即繡完尾巴的部分。

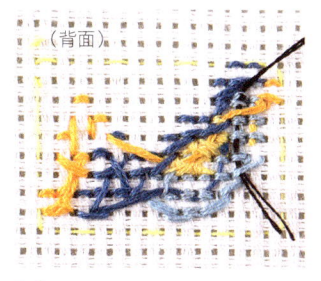

14 準備法國結粒繡(→P.43)的線。一開始先穿過背面的線來起針。

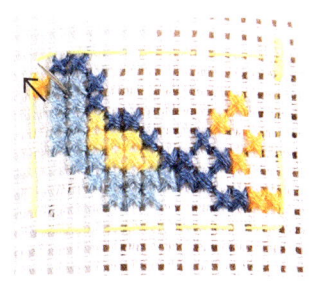

15 看著圖案,從格目的角落(跟十字繡刺過的位置是同一個洞)出針。

16 線在針上繞一圈後,把線壓緊,再把針抽出來。

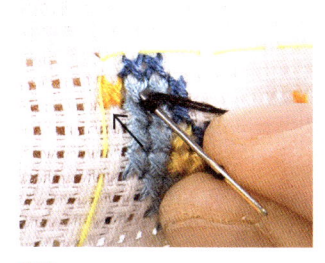

17 避開十字繡的線,找略微偏離 15 的位置入針。

18 最後繡霍爾拜因繡(→P.93)。用 1 股線,和 14 一樣在背面穿過線來起針。

19 沿著圖案輪廓,在格目處重複入針、出針,一目一目運針。

20 繡到邊緣後折返,像是要填補沒有線段的部分般繡回去。

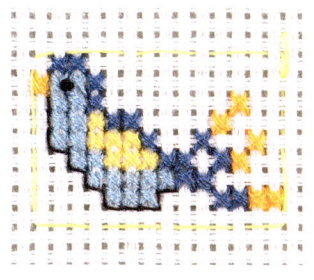

21 身體的輪廓線完成了。

22 再來繡腳的部分。繡左側的腳時,要把線像是斜跨格目般穿入。

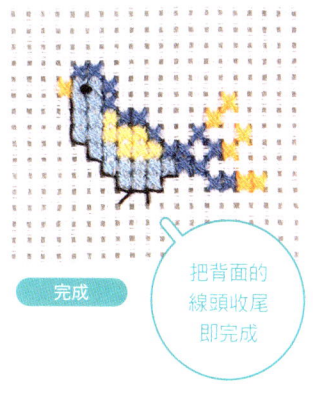

完成

把背面的線頭收尾即完成

127

胸針 P.47 的作品　實體大圖案請見 P.47

材料（1 個份）
前側…素色棉布 15×15cm；後側…印花棉布 10×12cm；填充棉花適量；3.5cm 長的胸針底托一個；COSMO 25 號繡線各色適量
完成品尺寸　如圖上標示（單位為 cm）

作法（2 件通用）
1. 在素色棉布（可先剪大一點以便夾在繡框裡）上繡出圖案，做出前側。
2. 把前側和後側布料的正面相對，將邊緣車縫起來並留下返口。
3. 剪掉多餘的縫份和剪出切口，把布翻回正面。
4. 塞入填充棉花，用藏針縫縫合返口。
5. 把胸針底托縫在後側。

作品的作法 & 圖案

前側（與後側同尺寸）
只有前側要刺繡
車縫線（參考實體大圖案）
4
3 返口
8

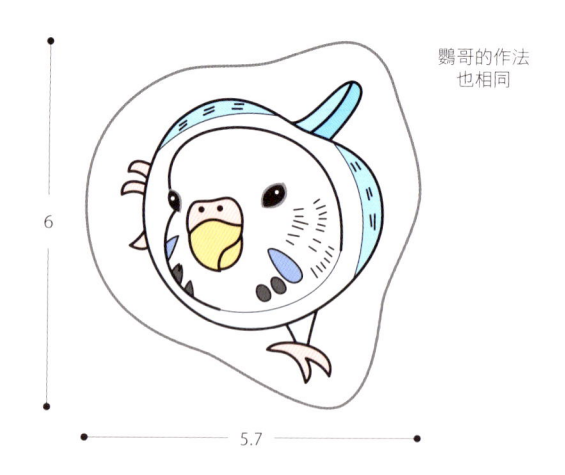

鸚哥的作法也相同
6
5.7

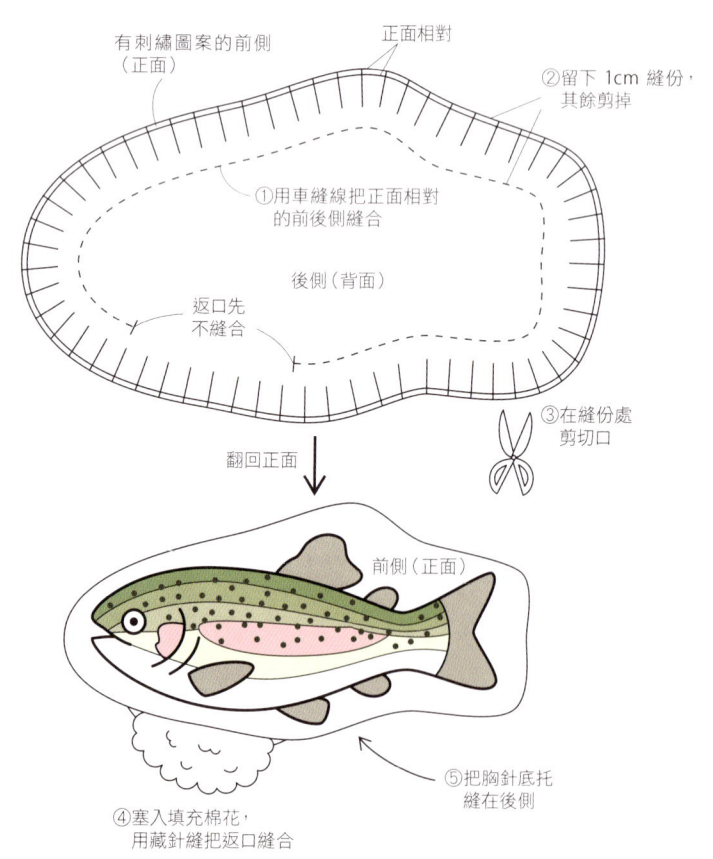

有刺繡圖案的前側（正面）
正面相對
②留下 1cm 縫份，其餘剪掉
①用車縫線把正面相對的前後側縫合
後側（背面）
返口先不縫合
③在縫份處剪切口
翻回正面

前側（正面）
④塞入填充棉花，用藏針縫把返口縫合
⑤把胸針底托縫在後側

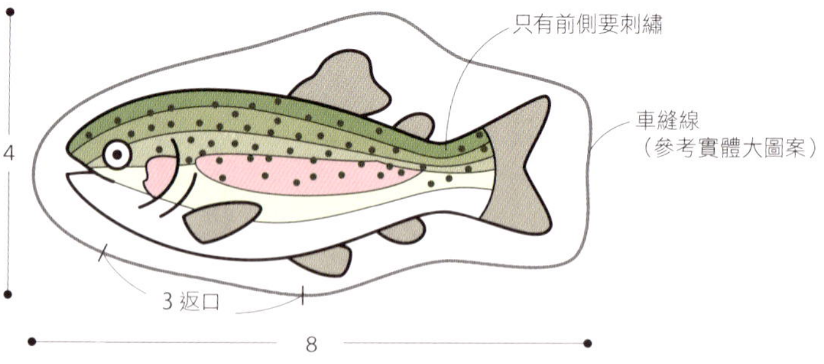

熊 圖案

P.74 的作品

除指定外皆用十字繡

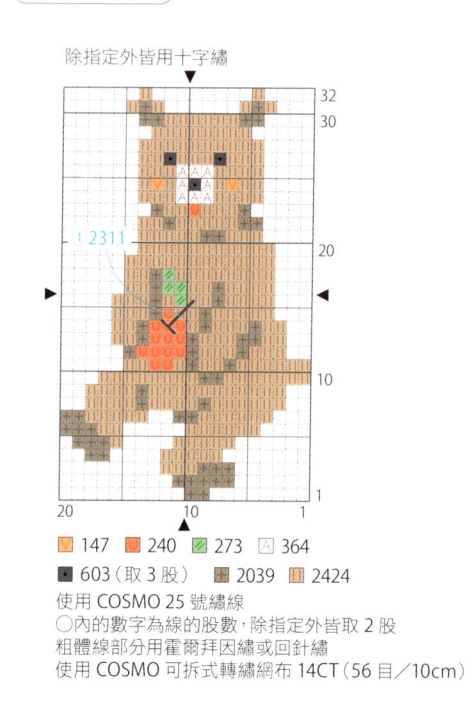

| 147 | 240 | 273 | 364 |
| 603（取 3 股） | 2039 | 2424 |

使用 COSMO 25 號繡線
○內的數字為線的股數，除指定外皆取 2 股
粗體線部分用霍爾拜因繡或回針繡
使用 COSMO 可拆式轉繡網布 14CT（56 目／10cm）

束口袋 P.28 的作品　實體大圖案請見 P.31

材料
外袋、布蓋…COSMO 平織棉布・玫瑰色（22）35×35cm；內袋…印花棉布 35×15cm；直徑 0.2cm 長 90cm 的繩子 2 條；直徑 1cm 的木質角珠二顆；Olympus 25 號繡線各色適量
完成品尺寸　如圖上標示（單位為 cm）

作法
1. 在外袋的棉布上繡好圖案，預留指定的縫份後，將布裁剪下來。
2. 把外袋的正面相對對折，兩邊車縫起來後，翻回正面整理好形狀，再把袋口的縫份往內側折。
3. 做 2 片布蓋，縫在外袋袋口的內側。
4. 使用和外袋同樣的作法，製作一個內袋。
5. 把內袋的正面相對放入外袋內，把布蓋縫在內袋的袋口上。
6. 把 2 條繩子從不同方向穿過布蓋，再穿入木質角珠，打結綁緊。

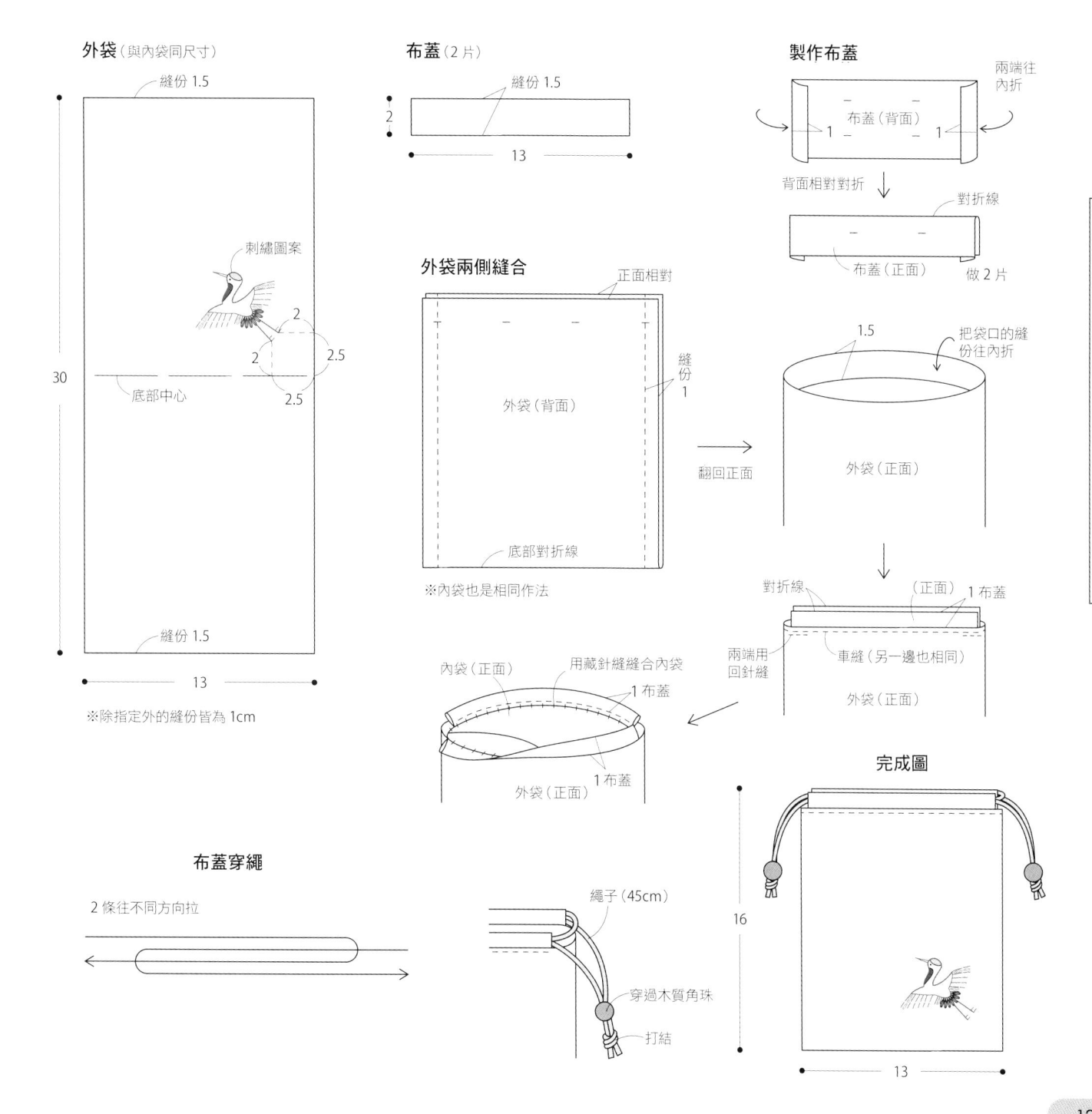

作品的作法 & 圖案

書衣　P.44 的作品　熊和口袋的實體大圖案請見 P.45

材料
表布…COSMO 平織棉布·深藍色（4）30×40cm；裡布…格紋棉布 30×40cm；緞帶…寬 1.8cm 長 20cm、寬 0.5cm 長 10cm 各一條；黑圓珠…直徑 0.5cm 一顆、直徑 0.3cm 二顆；DMC 25 號繡線各色適量
完成品尺寸　如圖上標示（單位為cm）

作法
1. 在本體表布上繡好三色花紋與小熊圖案。
2. 製作口袋，並縫上寬 0.5cm 的緞帶。在表布的指定位置，用藏針縫縫上口袋。
3. 把表布和裡布正面相對，將一邊車縫起來。把寬 1.8cm 的緞帶夾進折疊處，留下返口，把三邊都縫合。
4. 從返口處翻回正面，整理好形狀，再用藏針縫把返口縫合。

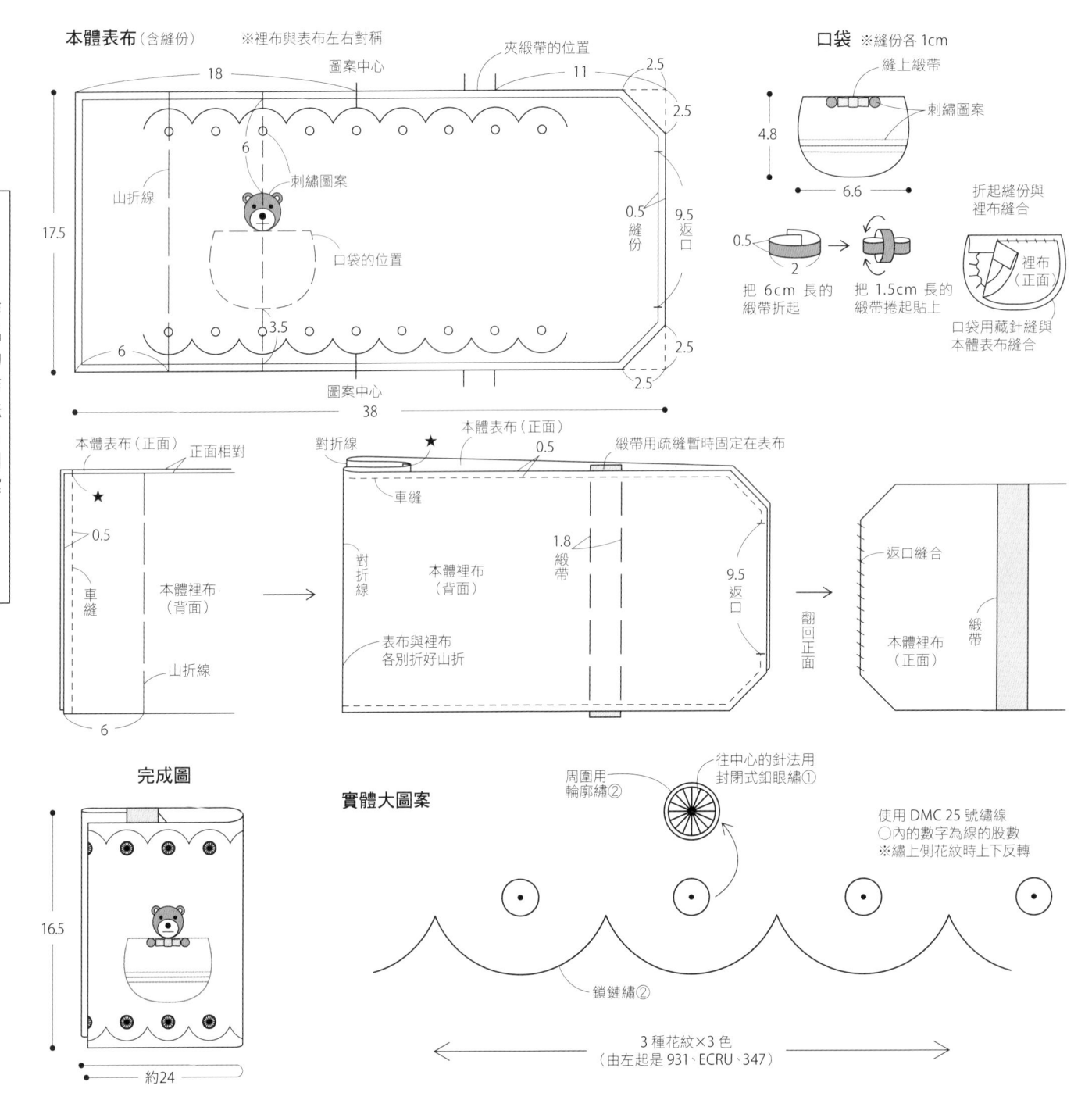

作品的作法&圖案

本體表布（含縫份）　※裡布與表布左右對稱

口袋　※縫份各 1cm

完成圖

實體大圖案

使用 DMC 25 號繡線
○內的數字為線的股數
※繡上側花紋時上下反轉

3 種花紋×3 色
（由左起是 931、ECRU、347）

扁包 P.95 的作品 英文字母圖案請見 P.102、P.103

材料
表布…DMC 亞麻布 28CT（11 目／1cm）灰白色（3865）35×30cm；裡布…白色棉布 32×25cm；DMC 25 號繡線各色適量
完成品尺寸　如圖上標示（單位為 cm）

作法
1. 表布事先做好疏縫後，繡上圖案。刺繡時如 P.85「入針位置」說明，把亞麻布的織線 2×2 條當作十字繡的 1 目來繡。扁包蓋的圖案要注意上下方向。
2. 配合疏縫線把周圍折起，留下縫份後把多餘的布剪掉。
3. 使用和表布一樣的作法，做出裡布的形狀（各邊都比表布再往內折 0.2～0.3cm）。
4. 將表布和裡布的背面相對，將周圍用藏針縫縫合。
5. 把底部折起，兩側縫合。

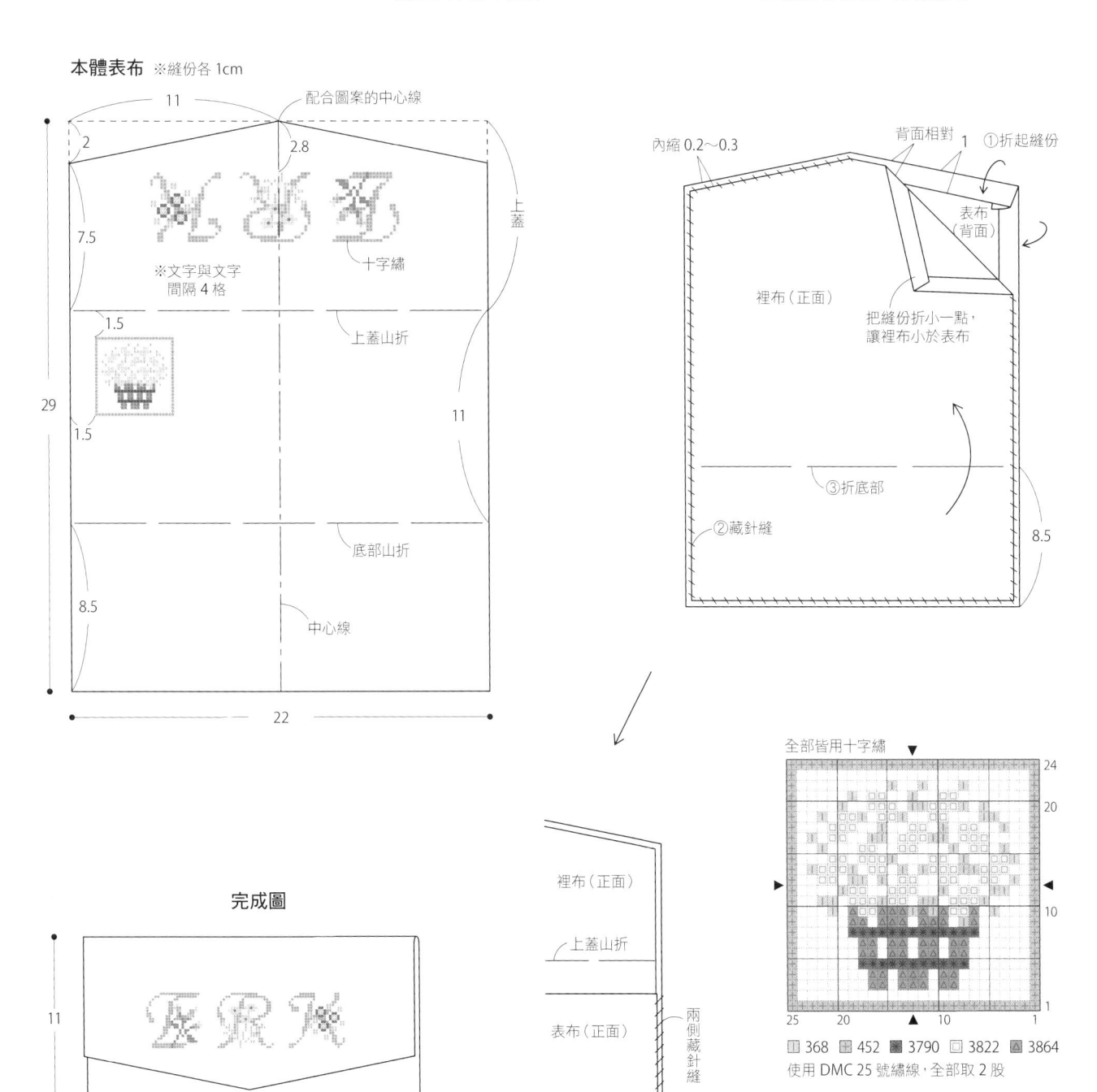

本體表布　※縫份各 1cm

作品的作法 & 圖案

完成圖

全部皆用十字繡

□ 368　■ 452　■ 3790　□ 3822　△ 3864
使用 DMC 25 號繡線，全部取 2 股

131

針包　P.118 的作品

材料
前側、後側…Olympus Congress 18CT（70 目／10cm）黑色（1014）、酒紅色（1033）各 15×30cm；填充棉花適量；Olympus 25 號繡線 800 適量
完成品尺寸　如圖上標示（單位為 cm）

作法（2 件通用）
1. 先在前側布料的中心作記號，配合圖案的中心做十字繡。接著在周圍做出指定的縫份，再另外做出鋸齒縫車邊，避免綻線。
2. 把前側和後側的布正面相對，留下返口，其餘車縫。角邊多餘的縫份剪成圓角，再從返口處把布翻回正面。
3. 塞入填充棉花，最後用藏針縫把返口縫合。

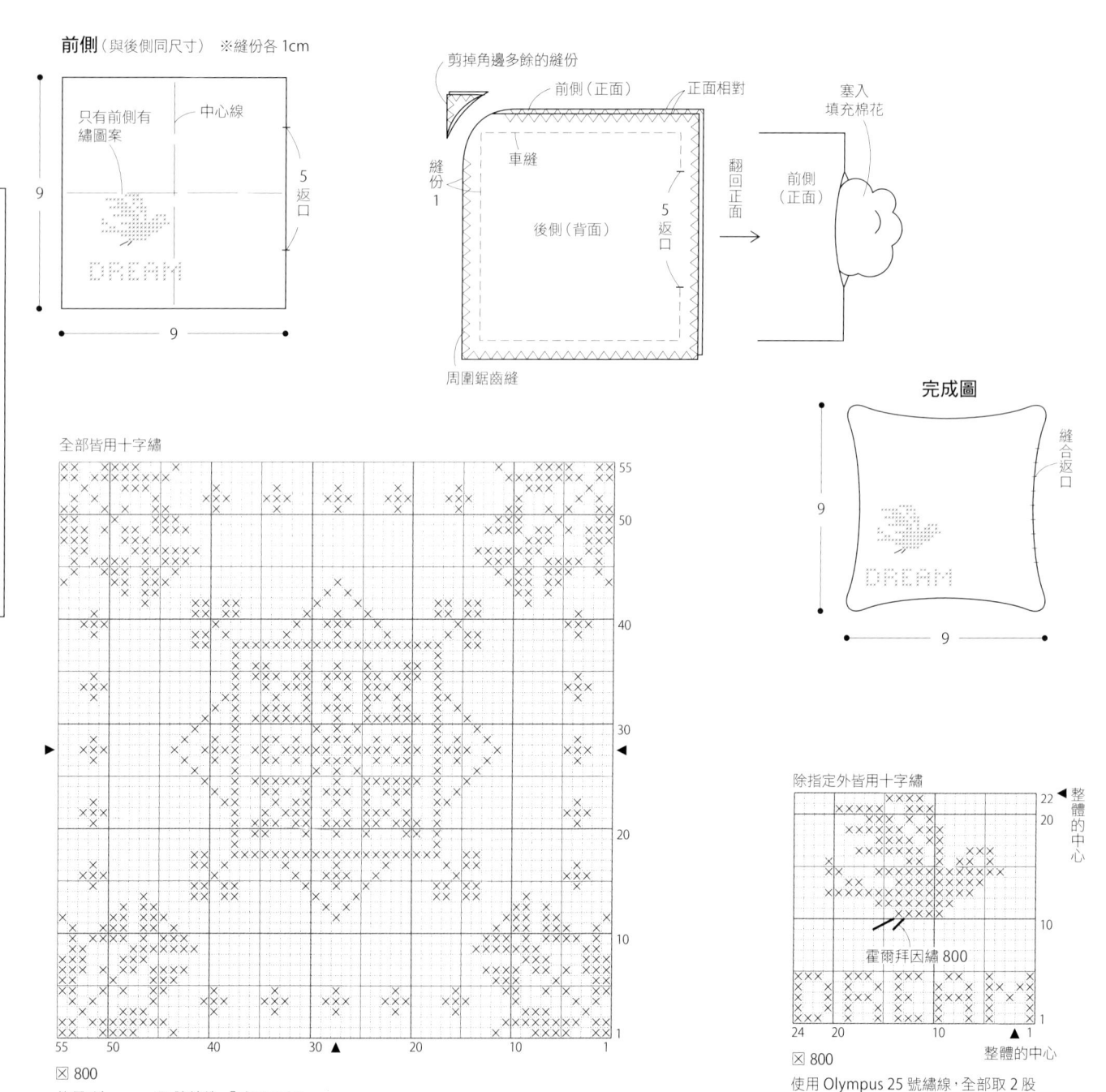

前側（與後側同尺寸）　※縫份各 1cm

只有前側有繡圖案
中心線
9
9
5 返口
DREAM

剪掉角邊多餘的縫份
前側（正面）
正面相對
縫份 1
車縫
後側（背面）
5 返口
翻回正面
塞入填充棉花
前側（正面）
周圍鋸齒縫

完成圖
9
9
縫合返口
DREAM

作品的作法 & 圖案

全部皆用十字繡

⊠ 800
使用 Olympus 25 號繡線，全部取 2 股

除指定外皆用十字繡

霍爾拜因繡 800

22
20
10
1
24　20　10　1
整體的中心
整體的中心

⊠ 800
使用 Olympus 25 號繡線，全部取 2 股

書衣　P.118 的作品

材料
表布…亞麻布 25CT（10 目／1cm）自然色 20×45cm；裡布…格紋亞麻布 20×35cm；緞帶…寬 1.8cm 長 20cm、寬 0.5cm 長 25cm 各一條；0.7cm 木質角珠一顆；DMC 25 號繡線各色適量
完成品尺寸　如圖上標示（單位為 cm）

作法
1. 在亞麻布上繡上圖案。刺繡時如 P.85「入針位置」說明，把亞麻布的織線 2×2 條當作十字繡的 1 目來繡。
2. 在表布的縫份上以疏縫來固定 2 條緞帶，返口處折起用熨斗壓燙。
3. 把表布和裡布的正面相對，留下返口處將周圍車縫。接著邊角留下 0.5cm 的縫份，其餘都剪掉。
4. 從返口處將布翻回正面，用熨斗整燙形狀。當作書籤的緞帶，在前端黏上木質角珠。

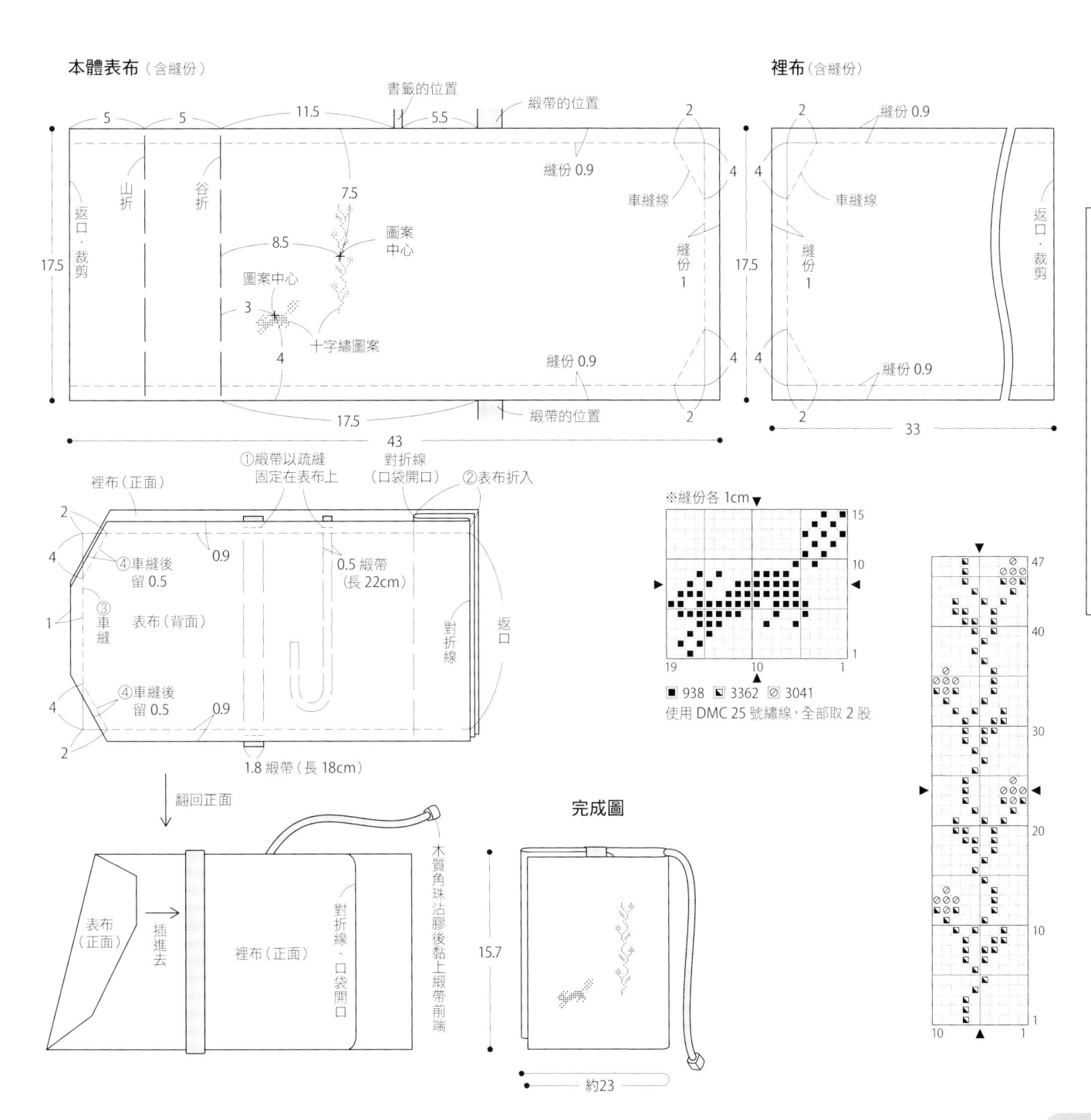

■ 938　■ 3362　⊘ 3041
使用 DMC 25 號繡線，全部取 2 股

手提袋 P.119 的作品

材料
口袋…亞麻布 25CT（10 目／1cm）米色 25×20cm；袋身、提把…軟質牛仔布 80×50cm；寬 1cm 長 5cm 的緞帶一條；Olympus 25 號繡線各色適量
完成品尺寸　如圖上標示（單位為 cm）

作法
1. 首先製作口袋。在亞麻布上繡圖案（刺繡時如 P.85「入針位置」說明，把亞麻布的織線 2×2 條當作十字繡的 1 目來繡），縫好指定的縫份並裁剪下來。上半部折兩摺後縫合。夾入緞帶後縫在袋身的前側。
2. 袋身的正面相對，把兩側縫合。縫份處用鋸齒縫來收尾（或用拷克收邊）。
3. 最後做兩條提把。先以疏縫暫時固定在袋身的袋口，把袋口的內側折兩摺後，以直線車縫固定。

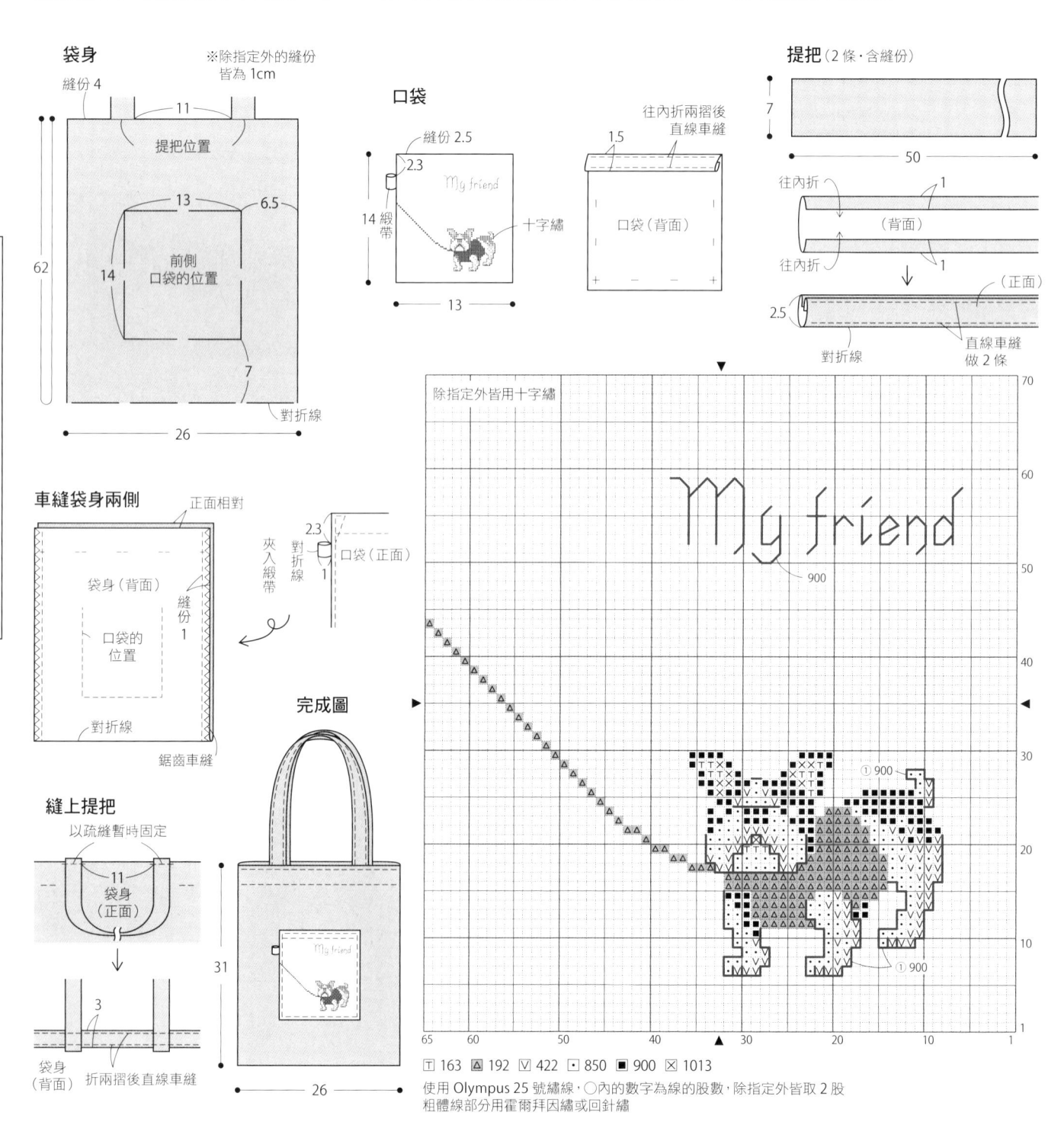

作品的作法 & 圖案

除指定外皆用十字繡

| T 163 | ▲ 192 | V 422 | ・ 850 | ■ 900 | × 1013 |

使用 Olympus 25 號繡線，○內的數字為線的股數，除指定外皆取 2 股
粗體線部分用霍爾拜因繡或回針繡

圍兜圖案 P.109 的作品

除指定外皆用十字繡

① 824

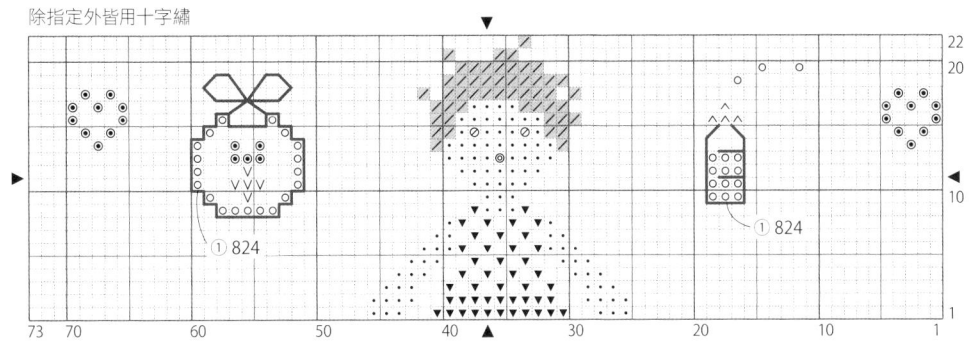

◉ 602　╱ 729　△ 743　▼ 809　⊘ 824　☐ 827　∨ 906　・ 951　◦ 3733

使用 DMC 25 號繡線，○內的數字為線的股數，除指定外皆取 2 股
粗體線部分用霍爾拜因繡或回針繡
※使用有部分為 Aida（14CT，55 目／10cm）十字繡布料的圍兜

卡片圖案 P.109 的作品

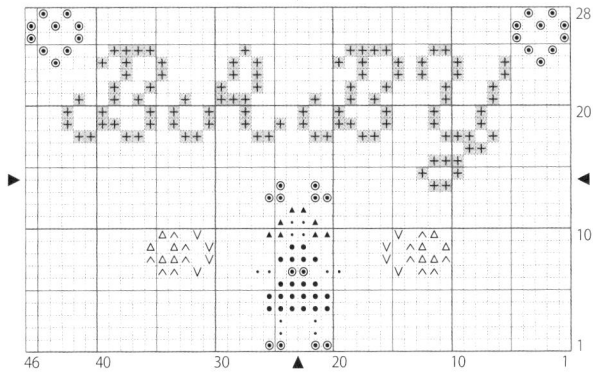

▲ 301　✚ 597　◉ 602　△ 743　▲ 745　∨ 906　・ 951　■ 3689

使用 DMC 25 號繡線，全部取 2 股
底布：DMC Aida 14CT（55 目／10cm）象牙色（712）
※使用有心形框的相框卡片

書籤圖案 P.118 的作品

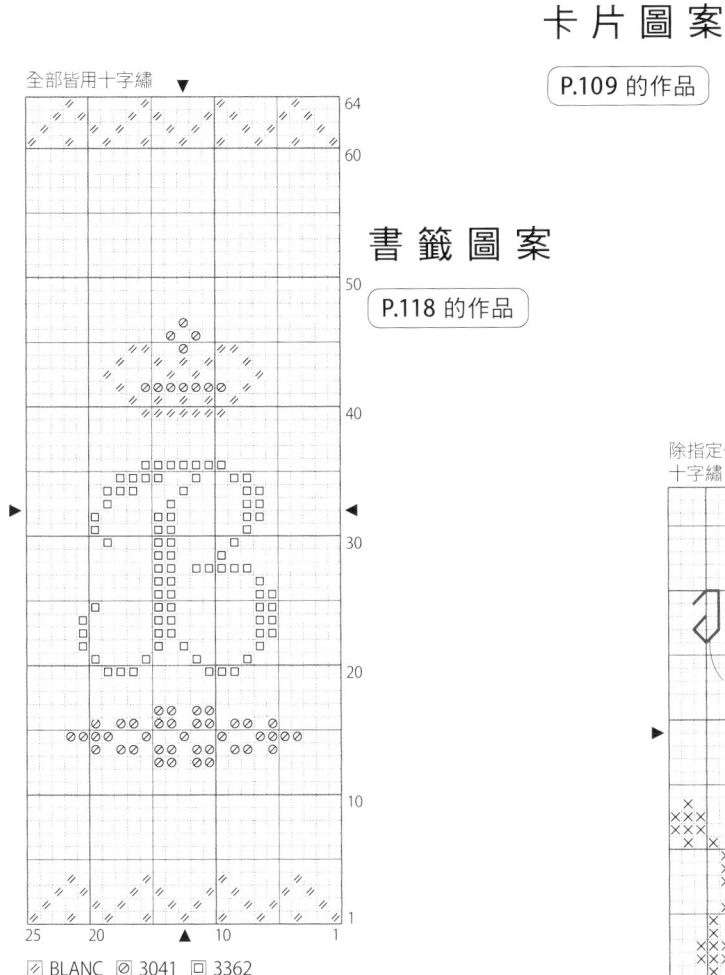

╱ BLANC　◯ 3041　☐ 3362

使用 DMC 25 號繡線，全部取 2 股
底布：5cm 寬的亞麻布織帶 32CT（12 目／1cm）自然色
※2×2 條為 1 目
使用約 15cm 長的亞麻布織帶，將圖案繡在正中間，
把上下兩端的橫線各抽出 1cm 寬做成流蘇

卡片圖案 P.119 的作品

除指定外皆用十字繡

801

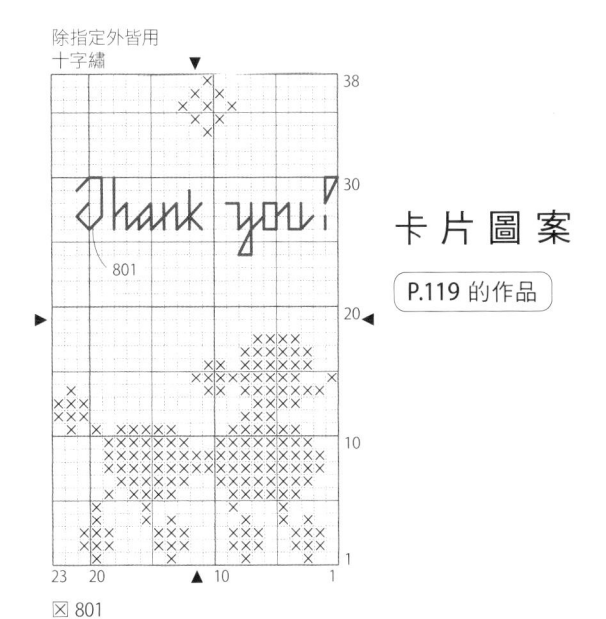

✕ 801

使用 DMC 25 號繡線，全部取 2 股
粗體線部分用霍爾拜因繡或回針繡
底布：DMC Aida 14CT（55 目／10cm）ECRU
※使用有橢圓形框的相框卡片

作品的作法 & 圖案

135

台灣廣廈國際出版集團 Taiwan Mansion International Group

國家圖書館出版品預行編目（CIP）資料

法式刺繡×十字繡 入門全圖解：15位日本刺繡名師的420款原寸圖案集 / 日本VOGUE社著. -- 新北市：蘋果屋出版社有限公司，2024.12
136面；21x25.7公分
ISBN 978-626-7424-44-5(平裝)

1.CST: 刺繡 2.CST: 手工藝

426.2　　　　　　　　　　　　　　　　　　　113016363

蘋果屋 APPLE HOUSE

法式刺繡 × 十字繡 入門全圖解
15位日本刺繡名師的420款原寸圖案集

作　　者／日本VOGUE社	編輯中心執行副總編／蔡沐晨・執行編輯／許秀妃
譯　　者／李亞妮	封面設計／陳沛涓・內頁排版／菩薩蠻數位文化有限公司
	製版・印刷・裝訂／東豪・弼聖・秉成

行企研發中心總監／陳冠蒨　　　　　線上學習中心總監／陳冠蒨
媒體公關組／陳柔彣　　　　　　　　企製開發組／江季珊、張哲剛
綜合業務組／何欣穎

發　行　人／江媛珍
法律顧問／第一國際法律事務所 余淑杏律師・北辰著作權事務所 蕭雄淋律師
出　　版／蘋果屋
發　　行／台灣廣廈有聲圖書有限公司
　　　　　地址：新北市235中和區中山路二段359巷7號2樓
　　　　　電話：(886)2-2225-5777・傳真：(886)2-2225-8052

代理印務・全球總經銷／知遠文化事業有限公司
　　　　　地址：新北市222深坑區北深路三段155巷25號5樓
　　　　　電話：(886)2-2664-8800・傳真：(886)2-2664-8801
郵政劃撥／劃撥帳號：18836722
　　　　　劃撥戶名：知遠文化事業有限公司（※單次購書金額未達1000元，請另付70元郵資。）

■出版日期：2024年12月　　　　　ISBN：978-626-7424-44-5
　　　　　　　　　　　　　　　　版權所有，未經同意不得重製、轉載、翻印。

Zohokaiteiban Ichiban Yokuwakaru Shishu No Kiso (NV70596)
Copyright © NIHON VOGUE-SHA 2020
Photographers: Yukari Shirai, Toshikatsu Watanabe, Nobuo Suzuki, Martha Kawamura
Originally published in Japan in 2020 by NIHON VOGUE Corp.
Complex Chinese translation rights arranged with NIHON VOGUE Corp.,
through jia-xi books co., ltd., Taiwan, R.O.C.
Complex Chinese Translation copyright © 2024 by Apple House Publishing Co., Ltd.

本書刊載之作品，禁止複製後銷售（包括實體店面、拍賣網站等），僅限於個人手作樂趣使用。